中国石油大学（北京）学术专著系列

数字岩心计算岩石物理

岳文正　著

科学出版社

北　京

内 容 简 介

　　本书主要研究和阐述数字岩心和计算岩石物理的相关理论和方法。从数字岩心建模、孔隙结构分析和数值模拟等方面深入研究岩心内部物理场的传播特征。全面阐明基于格子气自动机、格子 Boltzmann 和蒙特卡洛等计算方法的岩石物理数值模拟研究,分析基于计算岩石物理的电传输特性、渗流特性和中子等物理粒子传输特性与岩心内部结构的关系,将岩石物理实验和数值模拟方法结合起来。在此基础上,通过计算岩石物理对微观实验过程进行详细观测、分析和模拟,阐述其物理机理研究的新发现。

　　本书适合从事图像处理、CT 分析、计算算法、岩石物理、资源探测、测井分析、油气开发等领域的研究生、教师和从业人员参考和使用。

图书在版编目(CIP)数据

数字岩心计算岩石物理 / 岳文正著. —北京:科学出版社,2023.7
(中国石油大学(北京)学术专著系列)
ISBN 978-7-03-075535-3

Ⅰ.①数… Ⅱ.①岳… Ⅲ.①岩芯分析 Ⅳ.①P634.1

中国国家版本馆CIP数据核字(2023)第085836号

责任编辑:万群霞　陈姣姣 / 责任校对:王萌萌
责任印制:吴兆东 / 封面设计:无极书装

科 学 出 版 社 出版
北京东黄城根北街 16 号
邮政编码:100717
http://www.sciencep.com
北京建宏印刷有限公司 印刷
科学出版社发行　各地新华书店经销
*
2023 年 7 月第 一 版　开本:720×1092　1/16
2023 年 7 月第一次印刷　印张:12 1/2
字数:252 000
定价:158.00 元
(如有印装质量问题,我社负责调换)

丛 书 序

科技立则民族立，科技强则国家强。党的十九届五中全会提出了坚持创新在我国现代化建设全局中的核心地位，把科技自立自强作为国家发展的战略支撑。高校作为国家创新体系的重要组成部分，是基础研究的主力军和重大科技突破的生力军，肩负着科技报国、科技强国的历史使命。

中国石油大学（北京）作为高水平行业领军研究型大学，自成立起就坚持把科技创新作为学校发展的不竭动力，把服务国家战略需求作为最高追求。无论是建校之初为国找油、向科学进军的壮志豪情，还是师生在一次次石油会战中献智献力、艰辛探索的不懈奋斗；无论是跋涉大漠、戈壁、荒原，还是走向海外，挺进深海、深地，学校科技工作的每一个足印，都彰显着"国之所需，校之所重"的价值追求，一批能源领域国家重大工程和国之重器上都有我校的贡献。

当前，世界正经历百年未有之大变局，新一轮科技革命和产业变革蓬勃兴起，"双碳"目标下我国经济社会发展全面绿色转型，能源行业正朝着清洁化、低碳化、智能化、电气化等方向发展升级。面对新的战略机遇，作为深耕能源领域的行业特色型高校，中国石油大学（北京）必须牢记"国之大者"，精准对接国家战略目标和任务。一方面要"强优"，坚定不移地开展石油天然气关键核心技术攻坚，立足油气、做强油气；另一方面要"拓新"，在学科交叉、人才培养和科技创新等方面巩固提升、深化改革、战略突破，全力打造能源领域重要人才中心和创新高地。

为弘扬科学精神，积淀学术财富，学校专门建立学术专著出版基金，出版了一批学术价值高、富有创新性和先进性的学术著作，充分展现了学校科技工作者在相关领域前沿科学研究中的成就和水平，彰显了学校服务国家重大战略的实绩与贡献，在学术传承、学术交流和学术传播上发挥了重要作用。

科技成果需要传承，科技事业需要赓续。在奋进能源领域特色鲜明世界一流研究型大学的新征程中，我们谋划出版新一批学术专著，期待学校广大专家学者继续坚持"四个面向"，坚决扛起保障国家能源资源安全、服务建设科技强国的时代使命，努力把科研成果写在祖国大地上，为国家实现高水平科技自立自强，端稳能源的"饭碗"做出更大贡献，奋力谱写科技报国新篇章！

中国石油大学（北京）校长

2021 年 11 月 1 日

前　言

石油是战略物资，直接影响我国国民经济发展和国家安全。我国自 1993 年成为石油净进口国之后，供需差距急剧增大，对国外石油资源的依赖程度急剧升高，远远超过预期增长速度，已经影响国家经济的安全。2018 年我国成为世界第一大石油进口国，石油短缺将成为制约 21 世纪我国经济发展的"瓶颈"。因此，我国的石油安全不容乐观，必须从新的战略高度，制定新的石油能源发展战略，增加石油勘探力度，国内资源与国外资源并重，建立石油的战略储备，采取积极措施确保国家能源安全。

目前，制约中国油气探明储量增加的关键因素在于所面临的油气藏具有共同的地质特征——强烈纵横向非均质性，油藏埋深深、地质复杂，储层纵横向变化大。这些客观条件极大地增加了勘探的难度，提出了地球物理理论与技术难题，尤其是对地球物理勘探理论与技术提出了新的课题。面对中国复杂的地质条件，现行的探测技术不能将油气预测资源转化为油气探明储量和可采储量。我国石油资源的平均探明率为 38.9%，远远低于 73%的世界平均探明率。从我国油气工业的发展战略来看，现行的勘探理论与技术已经显现出严重不足和不适应，制约石油工业发展战略的实施，继续开展深入科学研究，建立新的地球物理勘探理论和技术，并与实践相结合，建立适用的模型是当务之急。

建立新理论新模型的基础是岩石物理实验，但是复杂非均质储层的岩石物理实验不但成本高，而且难度大。实验条件和岩样往往无法精确控制，由此造成岩石物理实验研究结果对比的困难。而且，岩石的微观结构无法观测更无法控制，导致应用了几十年的地球物理基本理论的部分参数至今仍然无法通过岩心实验来准确地研究其主要的微观影响因素。而基于数字岩心的岩石物理数值实验是解决这类问题的有效办法。

随着信息科学技术的发展，数值模拟方法已经成为与理论研究、实验室实验研究相并立的三大现代科学研究手段之一。在岩石物理研究领域，数值模拟方法在过去的 10 年里取得了令人瞩目的进展。岩石物理的研究对象是由形状极其复杂的孔隙、岩石骨架及多相填充物组成的体系。其主要任务是建立岩心各种物理场特征与岩石孔隙、骨架体积、单相及多相流体饱和度、渗透率等参数的关系。透彻地理解和精确地模拟孔隙尺度的物理和化学变化机理对于岩石物理的研究也是至关重要的，特别是对于那些非线性、多物理场耦合的问题。传统的模拟油气藏条件下的岩心实验难度大且成本高，而作为一种新型研究方法的数值模拟技术一开始就显现出在孔隙尺度、非线性、多物理场耦合等研究方面的优势。

传统的数值模拟孔隙微观结构的方法之所以有局限性，其重要的原因是建立的孔隙介质模型过于理想化和简单化。数字岩心技术是利用储层岩心的扫描电子显微镜（SEM）、计算机断层扫描（CT）等资料，经统计分析获得地层特征，从而构建三维岩心数据体，利用数值模拟骨架沉积、压实、变质成岩的过程，形成分别模拟砂岩、碳酸盐岩的数字岩心。该数字岩心包含孔隙空间和矿物骨架，可以通过改变数字岩心岩石骨架特性来研究不同类型储层的岩石物理特性。该方法的便利之处在于可以根据油田储层岩心的 SEM、CT 等数据，快速重建数字岩心，可使所重建的数字岩心与储层岩心具有相同的孔隙度和孔隙结构特征。这样，可以利用少量的岩心实验，根据岩心的 SEM、CT 或磁共振成像得到的孔隙信息为基础，建立三维孔隙结构模型，所建立的孔隙介质模型的孔隙结构最大限度地与实际岩心相同。

基于数字岩心的计算岩石物理，由于其具有重要的理论意义和广阔的应用前景，因而成为当前地球物理学界的研究热点。借助于数值计算方法进行多相流体、复杂结构多孔介质模拟，通过调节介质模型的微观结构、流体饱和度、流体饱和分布状态以获得各个参数的物理意义，并且可以在饱和度和孔隙度全程范围内研究岩石物理参数与孔隙度、饱和度之间的关系，建立与之相关的更准确地利用岩石弹性参数计算储层参数的解释评价模型，完善地球物理相关理论参数的物理意义。

本书内容基于课题组近年来承担的相关研究项目。这些项目以解决我国非均质复杂油气藏勘探和开发地球物理技术难题为目标，从物理实验和数值模拟两个层面来深入研究非均质复杂油气藏中物理场的传播特征。将岩石物理实验和数值模拟方法结合起来，在此基础上，通过对岩石物理实验过程的详细观测、分析和模拟，明确其物理机理，建立适合中国油气地质特点的地球物理新理论、新方法、新模型和新技术，解决长期制约我国油气资源发展的重大地球物理科技难题。其研究难度大，范围广，对我国乃至整个石油地球物理探测领域都具有深远的影响。

本书中的部分研究成果得到国家自然科学基金项目（编号：42174129，41074103，50404001）的支持；同时本书的完成离不开课题组成员的集体努力和付出，课题组成员王勇、张弓、曾晶、马晓静、金子杨、方圆、张兆谦、朱益华、张默、张琦悦、成云鹏和罗茂才等为本书相关章节做出了贡献，在此一并表示感谢。

　　书稿虽经历了数次修改，但由于水平所限，书中难免存在不足之处，敬请读者批评指正。

岳文正

2022 年 9 月

目　　录

第1章 绪 论

1.1 岩石物理

　　石油的需求日益增加及石油勘探开发技术的发展促使致密砂岩、页岩及煤层一类的非常规油气储层成为近年来的研究热点。岩石物理实验一直以来都是对储层岩石物理性质进行评价的重要手段，对油气资源的勘探开发具有重要的意义。然而传统的岩石物理实验应用在复杂储层及非常规储层时却出现了新的难题，如对于非均质性较强的一类储层难以取到具有代表性的岩心、难以对低渗透率的岩石进行驱替等。此外，传统的岩石物理实验也难以研究岩石微观组分对岩石宏观物理性质的影响。

　　近年来，随着计算机技术的发展，数字岩心成为岩石物理实验发展的一个热门方向。数字岩心技术能够利用计算机通过岩心的微观结构成分在计算上重构出一个可以反映岩石真实孔隙空间的岩心模型，重构后的三维岩心模型通过数值模拟计算等方法可以用来研究岩心的物理属性特征。

　　在计算机上利用重构的三维数字岩心模型研究岩石的物理属性特征具有很多传统岩石物理实验不可比拟的优势。三维数字岩心模型建立后可以反复使用，可以用同一块数字岩心研究不同的岩石物理属性，如电学、声学和放射性属性特征等，能够比传统岩石物理实验具有更好的统一内在性。数字岩心技术不仅可以用来计算传统岩石物理实验难以计算的一些物理量(如三相渗透率)，还能够很好地用来研究岩心微观组分对岩石物理宏观属性特征的影响。

　　自发展放射性测井技术以来，该技术已被大量用来评价岩性、孔隙度等储层物理性质并取得了良好效果。目前，国内外模拟实验中所构建的地层模型都较简单，与真实的复杂地层条件有较大差别，难以对中子仪器和地层进行基准校验。由于仪器刻度、地层复杂等，放射性测井在非常规储层会有偏差，通过数字岩心技术研究岩石微观组分对放射性属性特征的影响，能够为放射性技术在复杂储层的研究中起到积极的作用。

1.2 数字岩心

　　数字岩心建模的准确性直接决定了数值模拟的结果，只有在能够反映真实岩心状况的数字岩心上进行数值模拟，模拟结果才是可靠的。数字岩心建模的依据是根据各组分对岩石物理属性的影响来决定是否在数字岩心中将其表现出来。早期的数字岩心模型大多分为纯岩石骨架和孔隙两部分，但对于页岩这类非常规储层岩石，若要通过数字岩心计算页岩的电阻率，由于页岩骨架成分复杂，骨架成分中包含有对电阻率起影响作用的矿物组分如黄铁矿等，因此需要在对页岩这类岩石进行数字岩心建模时将骨架中的微观结构表现出来。

数字岩心建模的一个重要问题是建立多大尺寸的数字岩心，也就是建立的数字岩心能否反映真实岩心的结构，数值结果只能确保数值模型在相对较大的样本中具有代表性后才能与实验结果进行比较。Arns 等[1]、Uribe 等[2]和 Faisal 等[3]强调了 RVE（代表体积元）尺寸效应在其研究中的重要性。Shaina 等[4]探讨了利用聚焦离子束扫描电子显微镜(FIB-SEM)建立的页岩能否找到代表体积元，模拟结果表明：当 FIB-SEM 的图像分辨率低于 $5000\mu m^3$ 时，不适合用建立的页岩数字岩心进行渗透率的模拟。Faisal 等[3]在不同分辨率和不同孔隙尺寸下进行了岩石弹性模量的测量，研究了选取代表体积元的重要性。数字岩心的尺寸与数字岩心的分辨率是呈负相关的，并不是说建立的尺寸越大越能反映岩心的宏观物理属性，尺寸大了可能引起数字岩心失真，尺寸偏小则在一定程度上不能反映出岩石的各向异性等。

目前，数字岩心建模的方法主要有物理实验方法和数值重建方法两类[4]。物理实验方法指借助高精度的仪器对岩心进行扫描，将扫描得到的二维图片进行三维重建。数值重建方法是在少量的岩心二维图像上，通过建模采用重建方法建立数字岩心。物理实验方法常用的仪器有光学显微镜、X 射线计算机断层扫描成像（X-CT）、FIB-SEM、宽离子束扫描电子显微镜（BIB-SEM）等。数值重建方法包括孔隙网络模型、模拟退火算法、过程法、随机法与过程法相结合、顺序指示模拟技术、多点地质统计学方法、马尔可夫链-蒙特卡洛法等[5]。

1.3 岩石物理数值模拟

王克文等[6]、Berg 等[7]和 Huo 等[8]分别基于数字岩心利用格子 Boltzman 方法对岩石内流体传输特性进行研究，同时求取岩石的相对渗透率和绝对渗透率。此外，Sun 等[9]针对格子 Boltzman 方法计算速度慢的问题，采用改进后并行格子 Boltzman 方法求取岩石的渗透率。格子 Boltzman 方法用于计算岩石渗透率的步骤是先对分割后的图像网格利用欧拉方程求取连通性指数。连通性指数取决于所求岩石的尺寸，用连通密度表示单位体积内的连通性，再识别岩石的连通性后用流体动力学的方法计算压力场和速度场，然后在有限体积内利用斯托克斯方程求取岩石的渗透率。测量的速度场用于计算流体通过孔隙的总通量；然后利用压力梯度和通量的值基于达西定律计算渗透率[6-8]。格子 Boltzman 方法速度分量越多，模拟的结果越准确，但相应的运算量增大，运行速度降低。并行格子 Boltzman 方法可用于解决运行速度慢的问题，并行格子 Boltzman 方法首先将整个流域分为 N 个子区域，计算任务分配给 N 个核心，并且将每个子任务的初始流场信息(密度、速度等)和几何信息(网格坐标等)初始化，然后从主程序调度子程序的每个核心开始子任务[8]。在每次迭代过程中，所有子程序都是独立执行的，同时执行子任务间的数据通信，利用主程序来判断收敛规则和迭代是否完成，通过处理后可以计算结果。

聂昕等[10]在 2016 年利用有限元方法基于数字岩心对页岩电学特性模拟进行了研究分析，Wiegmann 和 Zemitis[11]在 2006 年使用显式跳跃调和平均法研究了岩石的导热性特征，Giorvana 等[12]在 2014 年和孔强夫等[13]在 2016 年都使用随机游走法研究了岩石的电性特征，结果表明使用随机游走法与有限元方法结果相近。用有限元方法计算岩石的电阻率是将数字岩心的每个像素视为一个元素来处理(离散化)，每个元素映射到相对应的岩石组分的立方体元素上，且满足相应的边界条件，然后施加外加电场计算电压分布[10, 11]。Knackstedt 等[14]在 2007 年用有限差分法计算岩石的电阻率，将岩心离散化后用渐进松弛法来处理相邻网格的高对比度电阻率值。显式跳跃调和平均法主要解决了在 X、Y、Z 三个不同方向上给定的电位差异的情况[11]。随机游走法求解电阻率是根据岩石内不同流体状态时地层因素不同来计算不同含水饱和度下的电阻增大系数[13]。

基于数字岩心进行声学特性模拟主要是模拟计算岩石的弹性模量。由弹性动力学基础可知，弹性模量可用来计算声波速度。Saenger[15]在 2008 年、姜黎明[16]在 2012 年利用有限元方法对岩石的声学特性进行了模拟。此外，Andra 等[17]在 2013 年分别利用基于傅里叶的 Lippmann-Schwinger 和动态脉冲求取了岩石的弹性模量，Press 等[18]在 2007 年利用广义麦克斯韦模型和位移应力旋转交错网格等方法计算岩石的弹性模量。用有限元方法计算岩石的弹性模量是将数字岩心的每个像素视为一个元素来直接处理，并假设每个元素的位移为其节点坐标的线性函数，然后根据计算不同方向产生的应力求取弹性模量[15]。这种方法适用于任何数量的不同物质成分。该算法能够计算三维微结构的均匀应变产生的局部应力。

Wang 等[19]在 2016 年基于 X-CT 扫描的数字岩心成功进行了中子传输特性模拟，利用蒙特卡洛方法描述中子在数字岩心中的传输过程，结果表明在探测器上接收到的中子计数与岩心孔隙度的线性关系略微受到各向异性的影响，同时证明了该方法可以用于孔隙结构各向异性的分析。此外，他们还发现利用热中子进行传播特性研究时，阵列探测器的分辨率并不是越高越好。蒙特卡洛方法是一种随机或统计学实验方法，该仿真方法可以根据概率现实地描述物理实验理论。中子的状态可由位置、能量及运动方向来描述，由于相邻碰撞间的时间是极短的，因此可以认为中子每两次碰撞间隔间的状态是不变的，这也是蒙特卡洛方法用于模拟中子传输特性的关键基础。这样中子的状态可由一系列碰撞点的状态来表示，即 $S_0, S_1, \cdots, S_{M-1}, S_M$。蒙特卡洛方法模拟中子传输过程是一个由已知确定未知的过程。模拟过程主要分为两步，一是由源分布确定 S_0，二是由 S_{M-1} 确定 S_M。

Arns 等[20-22]和 Guo 等[23, 24]利用随机行走法基于数字岩心对岩石的核磁共振特性进行了模拟研究。利用随机行走法进行核磁共振特性模拟主要有两步，第一步是获取随机行走粒子的生命曲线，第二步是通过多指数的反演得到 T_2 谱。模拟过程是将大量粒子随机放在岩心孔隙中，如果粒子遇到骨架表面，将按照一定的概率消失掉[20-24]，如果粒子遇到骨架表面后继续游走，将会被骨架表面反弹并最终回到原来的位置，同时将时间更新。反复重复模拟过程获得随机行走粒子的生命时间曲线，对随机行走粒子的生命时间曲线进行多指数的反演就可获得 T_2 谱。

参 考 文 献

[1] Arns C H, Alghamdi T, Arns J Y. Analysis of T_2-D relaxation-diffusion NMR measurements for partially saturated media at different field strength. The 24th International Symposium of the Society of Core Analysts, Halifax, 2010, SCA2010-17, 4-7

[2] Uribe D, Saenger E H, Steeb H. Digital rock physics: A case study of carbonate rocks. Proceedings in Applied Mathematics and Mechanics (PAMM), 2016, 16(1): 399-400

[3] Faisal T F, Awedalkarim A, Chevalier S, et al. Direct scale comparison of numerical linear elastic moduli with acoustic experiments for carbonate rock X-ray CT scanned at multi-resolutions. Journal of Petroleum Science and Engineering, 2017, 152: 653-663

[4] Shaina K, Hesham E S, Carlos T V, et al. Assessing the utility of FIB-SEM images for shale digital rock physics. Advances in Water Resources, 2016, 95: 302-316

[5] 孙建孟, 姜黎明, 刘学峰, 等. 数字岩心技术测井应用及展望. 测井技术, 2012, 36(1): 1-7

[6] 王克文, 孙建孟, 耿生成. 不同矿化度下泥质对岩石电性影响的逾渗网络研究. 地球物理学报, 2006, 49(6): 1867-1872

[7] Berg S, Armstrong R, Ott H, et al. Multiphase flow in porous rock imaged under dynamic flow conditions with fast X-ray computed microtomography. Petrophysics, 2014, 55: 304-312

[8] Huo D, Pini R, Benson S M. A calibration-free approach for measuring fracture aperture distributions using X-ray computed tomography. Geosphere, 2016, 12(2): 558-571

[9] Sun H F, Tao G, Vega S, et al. Simulation of gas flow in organic-rich mudrocks using digital rock physics. Journal of Natural Gas Science and Engineering, 2017, 41: 17-29

[10] 聂昕, 邹长春, 孟小红, 等. 页岩气储层岩石三维数字岩心建模——以导电性模型为例. 天然气地球科学, 2016, 27(4): 706-715

[11] Wiegmann A, Zemitis W. A fast explicit jump harmonic averaging solver for the effective heat conductivity of composite materials. Bericht des Fraunhofer-Institut für Techno- und Wirtschaftsmathematik ITWM, 2006, Nr. 94: 1-21

[12] Giorvana C, Andre S, Boyd A, et al. Evaluating pore space connectivity by NMR diffusive coupling. The SPWLA 55th Annual Logging Symposium, Abu Dhabi, 2014.

[13] 孔强夫, 胡松, 王晓畅, 等. 基于数字岩心电性数值模拟新方法的研究. 非常规油气, 2016, 3(5): 45-53

[14] Knackstedt M, Sok R, Arns C, et al. Pore scale analysis of electrical resistivity in complex core material. The 21st International Symposium of the Society of Core Analysts, Calgary, 2007, SCA2007-P53, 402-413

[15] Saenger E H. Numerical methods to determine effective elastic properties. International Journal of Engineering Science, 2008, 46: 598-605

[16] 姜黎明. 基于数字岩心的天然气储层岩石声电特性数值模拟研究. 青岛: 中国石油大学(华东), 2012

[17] Andra H, Combaret N, Dvorkin J, et al. Digital rock physics benchmarks-part II: Computing effective properties. Computers & Geosciences, 2013, 50: 33-40

[18] Press W H, Flannery B P, Teukolsky S A, et al. Numerical Recipes (3rd edn.). Cambridge: Cambridge University Press, 2007

[19] Wang Y, Yue W Z, Zhang M. Numerical research on the anisotropic transport of thermal neutron in heterogeneous porous media with micron X-ray computed tomography. Scientific Reports, 2016, 6: 27488

[20] Arns C H, Knackstedt M, Pinczewski W V. Computation of linear elastic properties from microtomographic images: Methodology and agreement between theory and experiment. Geophysics, 2002, 67: 1396-1405

[21] Arns C H, Meleon Y. Accurate simulation of NMR responses of mono-mineralic carbonate rocks using X ray-CT images. SPWLA 50th Annual Logging Symposium, Woodlands, 2009, SPWLA-2009-33057

[22] Arns C H, Ghous A, Senden T, et al. Trends in digital core analysis: Treatment of unresolved porosity. AAPG International Conference and Exhibition, Perth, 2006.

[23] Guo J F, Xie R H, Zou Y L, et al. Numerical simulation of multi-dimensional NMR response in tight sandstone. Journal of Geophysics and Engineering, 2016, 13(3): 285-291

[24] 郭江峰, 谢然红, 丁亚娇. 马尔可夫链-蒙特卡洛法重构三维数字岩心及岩石核磁共振响应数值模拟. 中国科技, 2016, 11(3): 280-285

第 2 章　数字岩心建模方法

三维数字岩心重建方法主要有数值重建方法和物理实验方法[1]。数值重建方法是以少量岩心薄片的二维图像为基础，通过图像处理得到统计数据，采用某些数学方法重建三维数字岩心。物理实验方法建模是利用 X 射线计算机断层扫描成像、聚焦离子束扫描电子显微镜、高倍光学显微镜、扫描电子显微镜等仪器，采集来自地下不同位置的岩心，通过重建算法得到二维图像从而得到岩心图像。

2.1　基于 CT 数字岩心

用基于 X 射线的 CT 扫描技术建立数字岩心主要包括三个步骤：一是对岩样进行预处理，之后用 CT 扫描获得图像数据；二是选择一种图像重建方法根据获得的图像数据重建数字岩心灰度图像；三是用二值分割方法分割灰度图像中的骨架和孔隙空间，从而建立数字岩心。

CT 为计算机断层扫描(computed tomography)的简称，其全称为 X 射线计算机断层扫描成像技术。CT 技术起源于 1917 年，奥地利数学家 Radon 证明了可以通过无穷多个投影确定二维或三维物体的密度分布。在此基础上，Cormack 证明了通过 X 射线投影可以重构图像。这些理论都为 CT 技术的发展奠定了基础。

20 世纪 80 年代研制出世界上第一台 CT 仪器，主要应用于医学领域，之后 Dunsmui 和 Coene 等对 CT 技术加以改进并引入石油开发领域中[2, 3]。目前，应用于石油领域的 CT 仪器有两种：一种是台式 CT 机，另一种是同步加速 CT 机，二者的区别在于拥有不同的 X 射线发生器。

CT 设备发射 X 射线穿过实验岩样，根据穿透的射线的衰减程度确定被探测物体的密度分布，从而获得岩心内部的结构信息。根据投影数据重构图像是 CT 技术的关键，该方法的实现是用获得的投影数据，通过一定的计算方法确定衰减系数与样本中各组分空间位置的对应关系并构建图像，从而重构物体内部结构信息。

X 射线衰减的原因是：当 X 射线穿过岩心样品时，会与岩心内的原子发生物理反应而衰变，不同物质对 X 射线的衰减系数不同。据此可以通过衰减系数的差异判断样品的内部结构组成。当 X 射线穿过某一样品时，它所穿过的路径上的所有物质对衰减都有贡献，都反映在 X 射线强度测量结果中，即

$$I = I_0 \mathrm{e}^{-\sum_i \mu_i x_i} \tag{2.1}$$

式中，I_0 为 X 射线初始强度；I 为 X 射线衰减后的强度；i 为 X 射线穿过路径上的某一物质组分；μ_i 为第 i 个物质组分对射线的衰减系数；x_i 为当前 X 射线穿过路径的长度。

CT 技术的过程如下。

(1) 固定需要扫描的岩心样品。

(2) 打开 X 射线源，X 射线穿过样品后衰减并被探测器探测到。

(3) 图像获取程序自动获取探测器信号并存储。

(4) 通过控制样品的夹持器将样品旋转一定角度。

(5) 重新打开 X 射线源，重复以上操作，直到将样品旋转 180° 后停止操作。

CT 机基本构成及工作原理如图 2.1 所示。

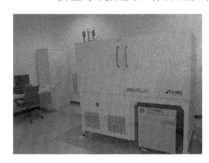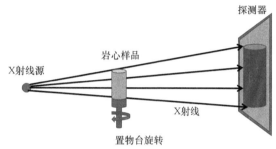

图 2.1　CT 机基本构成及工作原理

CT 技术具有快速、准确、自动化、无损伤等优点。与聚焦扫描方法相比，聚集扫描方法只能获得岩心切片的图像，CT 法可以获得三维图像。与序列成像方法相比，序列成像方法需要大量的岩心切割和抛光操作，需花费大量时间且对岩样原始结构有损害，而 CT 法不会损害岩样原始结构且节省时间。目前 X 射线 CT 技术已经用于渗透率计算、储层岩石学研究、储层微观非均质性评价等方面。基于 X 射线 CT 技术的优点和广泛应用，本书也采用了该方法。

三维数字岩心是岩石的三维数字化图像，用相函数 $f(r)$ 表示，其中 r 为数字岩心内的空间位置。假定岩石中第 i 相所占区域为 v_i，占整个岩石体积的比例为 φ_i，那么第 i 相的相函数为

$$f(r) = \begin{cases} 1, & r \in v_i \\ 0, & r \notin v_i \end{cases} \tag{2.2}$$

如果只把岩心考虑为骨架和孔隙两相，则相函数可以简化为

$$f(r) = \begin{cases} 1, & r \in 孔隙 \\ 0, & r \in 骨架 \end{cases} \tag{2.3}$$

利用 X 射线 CT 技术构建三维数字岩心的过程可以分为以下 6 个步骤。

(1) 制备样品。将岩石样品加工成符合尺寸的圆柱体。

(2) X 射线扫描。选择合适的分辨率，用 CT 扫描仪建立岩石样品三维灰度图。

(3) 图像滤波。用中值滤波、高斯滤波等方法消除三维灰度图中的噪点。

(4) 图像二值化。对仅考虑岩石骨架和孔隙空间两部分的系统，用图像分割技术，将灰度图转化为二值化图像。

(5) 图像平滑处理，删除孤立的岩石骨架。

(6) 体积元分析，确定三维数字岩心最佳尺寸。

在用 X 射线构建三维数字岩心的过程中，有以下几个关键问题。

1) 扫描分辨率的选取

根据 X 射线 CT 扫描原理，扫描分辨率的选取取决于 X 射线源与载物台间的距离，以及 X 射线检测器的分辨率。如果 X 射线源离载物台很近，则分辨率越高，扫描样品尺寸越小。扫描分辨率合适与否决定着能否在三维数字岩心图像中准确反映岩石的孔隙结构。如果分辨率过低，则无法识别岩心中小尺寸的孔隙，如果分辨率过高，则扫描的岩心尺寸太小，会使构建的三维数字岩心无法真实反映岩心中大尺寸孔隙。

若岩石均质性强，孔隙尺寸小，可以选择仪器的最高分辨率，这样可以准确识别孔隙空间。如果岩石非均质性强，孔隙尺寸大，就需要增大样品尺寸，降低分辨率，这样可以准确识别岩石孔隙空间的渗流通道。因此，为了获得准确反映岩石孔隙空间的三维数字岩心图像，需要综合考虑岩石样品的孔隙结构、尺寸、均质性等因素来确定最佳分辨率。

通常情况下，砂岩分辨率选择范围为 5~10μm/像素，碳酸盐岩的分辨率要小于 5μm/像素。这些范围只是经验结论，不同岩心的最佳分辨率必然不同。

2) 图像二值化的阈值确定

经 X 射线 CT 技术构建的三维数字岩心的三维图像中，像素所对应的灰度值反映了岩石组分对 X 射线吸收的强度。由于三维灰度图中孔隙空间和岩石骨架的分界很模糊，用单一灰度阈值很难准确识别，通常采用分水岭方法对灰度图像进行分割。首先设定阈值范围，灰度值高于阈值最大值的为骨架，低于阈值最小值的视为孔隙空间，灰度值介于阈值范围内的用分水岭方法确定属于骨架还是孔隙，保证骨架与孔隙边界的平滑。因为 X 射线 CT 技术无法识别尺寸小于扫描分辨率的孔隙空间，所以不能根据孔隙度实验确定阈值，而应根据灰度图像灰度值的分布来确定。

3) 代表体积元的选取

代表体积元 (REV) 的全称是 representative elementary volume，其主要功能是选择表征单元体。定量研究岩石孔隙结构和物理数学参数是建立三维数字岩心的主要目的, 故有必要对三维数字岩心进行 REV 分析, 讨论如何选择三维数字岩心的尺寸, 使其能代表岩石的宏观特征。

三维数字岩心的尺寸越大, 岩石宏观物理属性的描述也就越准确。但由于计算机运算速度和储存能力的限制, 三维数字岩心的尺寸不能过大, 这时就用到了代表体积元分析来确定最佳尺寸。一般选择孔隙度为约束条件, 先在三维数字岩心中任意选一点, 作为立方体中点, 不断增大立方体边长, 直到该立方体的孔隙达到一个稳定值, 此时的立方体尺寸就是最佳尺寸。

X 射线 CT 技术也存在缺点。首先, 该技术的孔隙识别能力受到仪器分辨率的限制, 且很难确定最佳分辨率。其次, X 射线 CT 技术建立的三维数字岩心的孔隙结构是固定的, 不能通过数值模拟的方法定量分析微观结构对岩石的宏观物理属性的影响。

2.2　颗粒堆积法

在岩石物理研究中, 薄片资料是一类直观而重要的资料。在建立数字岩心孔隙介质模型中, 如果能够充分利用薄片信息将能够有效地提高数字岩心模型的可靠性。这种能够利用薄片信息的数字岩心建模方法就是基于地质统计学的数字岩心建模方法。这种方法构造的孔隙介质模型还可以发展成三维孔隙介质模型, 并且与实际岩心的扫描电镜照片或工业 CT 照片相结合, 进一步构造相当精确的三维复杂孔隙介质模型。

1. 等粒径孔隙建模

等粒径颗粒堆积法建立数字岩心孔隙介质模型是一种利用形状大小相同的岩石骨架颗粒经堆积形成孔隙介质的方法, 该方法广泛地应用于孔隙介质数字模型的构建和应用, 它需要指定所建模型的孔隙度和骨架颗粒半径的大小。其特点在于使用的骨架颗粒完全相同, 且具有算法简单、计算速度快的优点。

图 2.2 是一个等粒径数字岩心孔隙介质模型, 其孔隙度为 25%, 骨架颗粒半径为 0.5μm。

2. 基于岩心粒径分布统计孔隙建模

基于岩心粒径分布统计孔隙建模方法是一种不等粒径数字岩心建模方法, 该方法是基于自然界的沉积岩石骨架颗粒具有一定的分布特征, 通常是不等径的。有鉴于此, 本方法利用不同粒径的粒子进行堆积压实形成数字孔隙介质模型, 该模型可以具有与实际岩心相一致的孔隙度和骨架颗粒粒径分布。

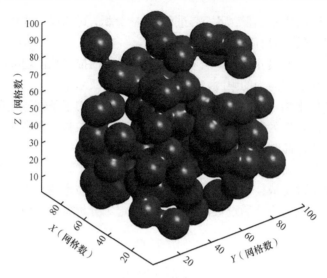

图 2.2　等粒径多孔介质模型

　　不等粒径骨架颗粒堆积法需要首先确定骨架颗粒粒径的分布，然后根据该分布特征确定构成数字岩心的骨架颗粒分布情况，再利用数值计算方法模拟符合已知的骨架颗粒分布的骨架颗粒混合堆积，进而形成数字岩心模型。

　　为了检验孔隙空间结构对导电特性的影响，我们采用不同大小形状的骨架颗粒来构造孔隙介质模型，通常骨架的复杂程度同样能够反映孔隙空间的复杂程度。首先根据岩心分析获得骨架颗粒的粒径分布情况，如图 2.3 所示，从图中可以容易分析出该岩心的粒径存在两个峰值，也就是说该岩心具有两个占优势的骨架颗

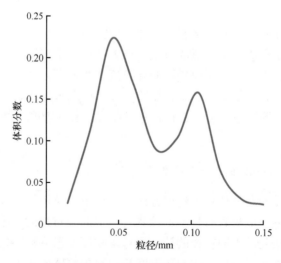

图 2.3　骨架颗粒粒径分布

粒粒径分布。根据这些骨架颗粒分布特征，采用数值方法模拟颗粒的沉积过程，形成孔隙介质模型，如图 2.4 所示。

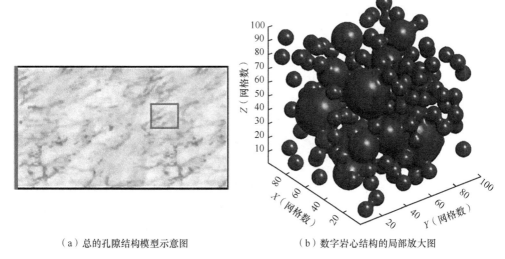

（a）总的孔隙结构模型示意图　　　　　（b）数字岩心结构的局部放大图

图 2.4　多孔介质模型示意图

图 2.4 是利用实际岩心获得的岩石骨架颗粒粒径分布而建立的数字岩心结构图。从数字岩心结构的局部放大图中可以看出，骨架颗粒具有一定的粒径分布特征，该粒径分布特征与岩心实验测量的相同。这样，可以通过对具有不同骨架颗粒分布的岩心进行测量分析得到其相应的骨架分布特征，进而建立一系列的具有不同颗粒分布的数字岩心模型，研究这些模型所具有的流体流通特性和相应的岩石物理规律。

2.3　顺序指示模拟法

目前，数字岩心的研究工作在国内外已经取得了一些进展[4-6]。本章用图像处理技术对从现场得到的二维铸体薄片进行一系列处理后，得到一些储层岩石的信息，然后将这些信息作为条件数据，用地质统计学中的顺序指示模拟方法[4,7]进行三维数字岩心建模。顺序指示模拟能够反映孔隙结构的细节，能给出一定范围内的多个可选孔隙介质模型，从而提高预测的可靠性。这种建模方法得到的数字岩心能最大限度地与实际的岩石接近，能反映储层岩石的一些真实信息。重建的数字岩心不仅可以用来精确地预测物理特性，而且还可以用来了解不同的物理响应之间的内在关系。尽管随着技术的发展，已经有了获取高分辨率的图像技术，但利用这种技术得到的数字岩心成本过高，不能大规模地用于油田现场需要。尽管铸体薄片只是二维的图像，但很容易获得，无论在油田还是在研究单位，都有大量的资料，而且目前正在被广泛地利用。由薄片来重建三维孔隙介质，从而用来模拟得到岩心渗流特性，还可以用来作为其他物理特性模拟共享的对象，这对岩石物理的研究有着十分重要的意义。

首先将 RGB 图像转换成索引图像，然后对索引图像中调色板上的 RGB 值进行分割，在提取后的图像中可以看到很多的噪声，采用 3×3 滤波器，对提取结果的二值图像进行滤波。结果如图 2.5 所示。

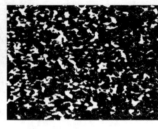

图 2.5 索引图像分割法孔隙提取后的二值图像

白色为孔隙空间，黑色为骨架

2.3.1 求取二值图像的自相关函数 $A(h)$

二值图像用指示函数（相函数）$f(r)$ 表示：

$$f(r) = \begin{cases} 1, & r \text{位于孔隙空间} \\ 0, & \text{其他} \end{cases} \tag{2.4}$$

式中，r 为二值图像中的像素位置。

基于统计平均，孔隙度 ϕ 和自相关函数 $A(h)$（两点相关函数）可表示为

$$\phi = \langle f(r) \rangle \tag{2.5}$$

$$A(h) = \langle f(r)f(r+h) \rangle \tag{2.6}$$

式中，h 为两个数据点间的滞后矢量。二值图像的自相关函数有如下两个重要特性[5]：

$$A(0) = \phi \tag{2.7}$$

$$\lim_{|h| \to \infty} A(h) = \phi^2 \tag{2.8}$$

由傅里叶变换能得到自相关函数如下：

$$A(h) = F^{-1}\{F\{f(r)\} \times F^*\{f(r)\}\} \tag{2.9}$$

式中，$F\{\cdot\}$、$F^{-1}\{\cdot\}$ 分别为傅里叶变换、傅里叶逆变换；$F^*\{\cdot\}$ 为傅里叶变换的共轭。

　　图 2.6 表示二值图像的二维自相关函数。图 2.7 表示两个直交的自相关函数（水平和垂直），从图中可知，二者的差别可以忽略不计，所以二值图像基本上是各向同性的。图 2.7 中从起始直到自相关函数停止下降为止，横坐标方向的长度（两箭头之间的长度）即为自相关长度 a。这个样品的自相关函数大约为 20 个格子单位。从二值图像中测量出的孔隙度为 0.2769。二值图像的自相关函数的两个重要特性都体现在了图 2.7 中。

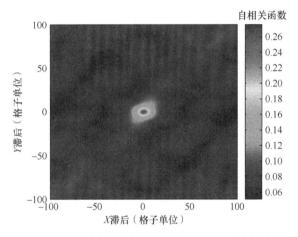

图 2.6　二值图像的二维自相关函数（扫码见彩图）

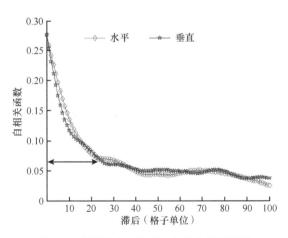

图 2.7　水平方向和垂直方向的自相关函数

　　为了尽量减少计算量，需要从整个二值图中选取一块适当大小的、能代表该图所有信息的图片来进行计算。统计学认为，当岩石是均质的时候，统计平均能被空间平均代替。如果也是各向同性的，空间(三维)平均能被表面(二维)平均代替。根据该理论来证明薄片的使用是否具有代表性，即代表体积元尺度。首先，图像统计参数的计算需要图像的长度大于相关长度，否则，计算就不具有统计代表性，也会为局部扰动所影响。从二值图像中选择不同大小的正方形来计算统计参数，如图2.8～图2.10所示。不同面积的孔隙度如图2.9所示，用自相关函数长度(a)来标定正方形的长度(L)，图中不同颜色的曲线表示正方形起始位置不同时的计算结果。当L/a非常小时，孔隙度有扰动，然而，它收敛到一个连续的值，这个值非常接近于当L/a大于10时的值。图2.10则表明，自相关函数的情形与孔隙度非常相似。当二值图像的L大于$10a$时，能比较稳妥地假设它是一个有代表性的元素的面积。通过比较岩心样品的两个直交薄片的统计参数，也能证实岩石样品的各向同性，两个直交薄片的孔隙度和自相关函数互相之间都非常接近。因此，样品各向同性和均质的假设是合理的。为了精确地计算统计参数——孔隙度和自相关函数，采用大小不小于$20a$的薄片图像，薄片上的所有孔隙度都与实验室测量的非常一致，误差很小。由于接下来的处理过程在很大程度上依赖于计算的孔隙度，所以需要比较准确地进行孔隙度的估算。

顺序指示模拟是对分散的数据概率分布场采用专门的指示克里金内插技术，并与条件随机模拟相结合而形成的一种方法。在这种方法中，确定出方差构造的累积条件分布概率函数(ccdf)后，沿着协方差函数中的某一网格化的随机路径有序地模拟，便可以利用蒙特卡洛法获得每一网格节点处的随机函数值。

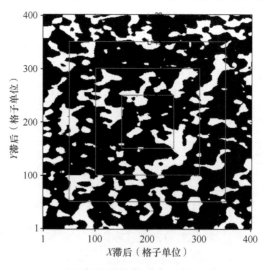

图2.8　估算统计参数的不同大小的薄片图像

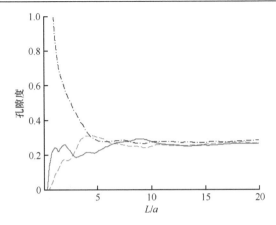

图 2.9　不同位置方形二值图片所对应的孔隙度

L 为二值图像的大小，a 为自相关长度

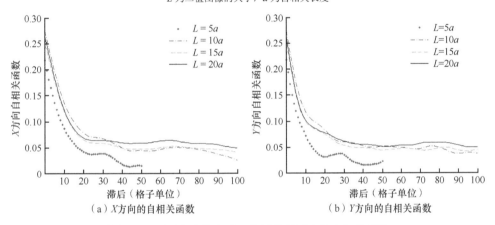

（a）X 方向的自相关函数　　　　　　　（b）Y 方向的自相关函数

图 2.10　不同大小的方形二值图片所对应的自相关函数

顺序指示模拟既可用于离散变量，又可用于连续变量的随机模拟。该方法不需要对原始条件数据分布的参数形式做任何假设，而是在现在资料的基础上，通过一系列门槛值把原始数据转化成指示数据。根据各离散变量的指示变差函数，采用指示克里金插值法对每个网格点处的局部条件概率分布(LCPD)进行估计。其主要特点是变量的指示变换——指示克里金和顺序模拟算法。

1. 求取条件分布概率函数

在进行模拟计算之前，首先要进行指示变换，即根据不同的门槛值把原始数据变成 0 或 1 的过程。在一个给定的空间数据集上，设条件数据为 $\{Z(x_a), a(n)\}$（下角 a 表示已知条件，n 为对应的序数），$Z(x)$ 为未采样点(待模拟点)值。首先，对变量场的分布特征进行分级(类)，目的是将 ccdf 值限制于所分类别中。设 Z_0 为级别中的门槛值，定义 x 点处的二值指示变量为

$$I(x, Z_0) = \begin{cases} 1, & Z(x) \leqslant Z_0 \\ 0, & Z(x) > Z_0 \end{cases} \tag{2.10}$$

可以证明，其条件期望值为

$$E\{I(x, Z_0) \mid Z(x_a), a \in n\} = P\{Z(x) \leqslant Z_0 \mid Z(x_a), a \in n\} \tag{2.11}$$

式中，$P\{Z(x) \leqslant Z_0 | Z(x_a), a \in n\}$ 是指示变量的条件概率分布值。式(2.11)表明，通过指示变量条件期望值的估算，可以得到其相应的条件概率分布值。

条件期望值通过克里金法对条件数据进行指示转换（指示克里金）来估算，即利用条件数据点 $Z(x_a)$，由指示克里金可得到期望值的最优无偏线性估计。期望估计值即为 ccdf 的估计值，即有

$$F^*\{Z(x) \leqslant Z_0 \mid Z(x_a), a \in n\} = \sum_{a=1}^{n} \lambda_a(x, Z_0) i(x_a, Z_0) \tag{2.12}$$

式中，F^* 为 ccdf 估计值；$i(x_a, Z_0)$ 为以 Z_0 为门槛的样点值 $Z(x_a)$ 的指示变换；$\lambda_a(x, Z_0)$ 为克里金权系数。

克里金权系数可通过指示克里金方程求得，即有

$$\begin{cases} \sum_{b=1}^{n} \lambda_b(x, Z_0) G(x_b - x_a, Z_0) + \mu(x, Z_0) = G(x - x_a, Z_0) \\ \sum_{b=1}^{n} \lambda_b(x, Z_0) = 1 \end{cases}, \quad a = 1, 2, \cdots, n \tag{2.13}$$

式中，$\lambda_b(x, Z_0)$ 为克里金权系数；下角 b 为离散空间的序号；$G(x_b - x_a, Z_0)$ 和 $G(x - x_a, Z_0)$ 为指示协方差函数；μ 为拉格朗日常数。

2. 顺序模拟

ccdf 确定后，便可以利用蒙特卡洛法模拟每一个网格节点处的随机函数值。在位置 x 处抽取一个均匀随机 $P^m \in [0, 1]$，然后转换为 ccdf 的分位数值，该分位数即为位置 x 的模拟值[5]，即

$$F^{*(-1)}\{x; Z^m(x) \mid n\} = P^m \tag{2.14}$$

$$Z^m(x) = F^{*(-1)}\{x; P^m \mid n\} \tag{2.15}$$

式中，$Z^m(x)$ 为位置 x 的模拟值；$F^{*(-1)}$ 为逆 ccdf 函数或概率值 $P \in [0, 1]$ 的分位数函数。

在此基础上，对指示数据采用模拟值进行更新，对另外的位置沿着随机路径再使用指示模拟，当所有的位置都已模拟时，就可得到一个随机图像 $\{Z^m(x), x\}$。若再使用新的随机路径重复运用顺序模拟过程，则可以得到另一个独立的模拟实

现 $\{Z^k(x), x\}(k \neq m)$ 。

2.3.2　实例三维数字岩心建模

根据地质统计学的原理，在三维孔隙介质建模中，给出的变差函数如下[5]：

$$\gamma(\boldsymbol{h}) = \frac{1}{2N(\boldsymbol{h})} \sum_{i=1}^{N(\boldsymbol{h})} [f(r_i) - f(r_i + \boldsymbol{h})]^2 \tag{2.16}$$

式中，r_i 为第 i 个观测点的坐标；$f(r_i)$、$f(r_i + \boldsymbol{h})$ 分别为 r_i 及 $r_i + \boldsymbol{h}$ 两点处的观测值，$\boldsymbol{h}$ 为两观测点间的距离；$N(\boldsymbol{h})$ 为距离为 $\boldsymbol{h}$ 的数据对数目，即 $(x, x + \boldsymbol{h})$ 的个数；$\gamma(\boldsymbol{h})$ 为实验变差函数的值。薄片图像的变差函数与下面的自相关函数相关：

$$\gamma(\boldsymbol{h}) = A(0) - A(\boldsymbol{h}) \tag{2.17}$$

利用式 (2.17)，可从图像中计算出原始的变差函数值，接下来，用指数函数建模，确保变量模型的正定。指数函数模型如下：

$$\gamma(\boldsymbol{h}) = c \left[1 - \exp\left(-\frac{3\boldsymbol{h}}{a} \right) \right] \tag{2.18}$$

式中，a 为地质统计学中的"变程范围"；c 为图像变差数据利用指数函数拟合后得到的特征参数。通过高斯-牛顿方法，用一个非线性的最小二乘法进行拟合，变差函数模型与 x 及 y 方向的变差函数都吻合得非常好。

使用变差函数模型，由二维薄片能条件模拟出三维孔隙介质的多相实现。因为我们的图像所代表的指示随机函数 $f(r)$，基于指示的模拟算法是最适当、最简单的。此算法是来自 Deutsch 和 Journel 的地质统计软件库 (GSLIB) 的顺序指示模拟法。按照顺序指示模拟法，沿着随机的路线，对所选立方体中的所有节点进行处理。在每个节点处，都为 $f(r)$ 估算出一个 ccdf。与先前沿着随机的路线模拟的点一样，ccdf 受二维图像制约，通过指示克里金进行 ccdf 的估算，$f(r)$ 的值从 ccdf 中得到。这个值作为边界条件保存下来，沿着随机路线处理下一个节点。当所有节点都处理后，用正确的空间统计，就能得到新的三维二值场的一个实现。

从薄片的二值图像上得到统计特性参数，用地质统计学中的顺序指示模拟法[7]，沿着随机的路线，对所选立方体中的所有节点进行处理，从而得到一个新的三维二值场，如图 2.11 所示。这样模拟出来的三维孔隙介质模型与薄片有相同的统计特性。因此得到的三维孔隙介质模型更接近真实的岩石结构，从而可用于分析真实的多孔岩石的流通特性，计算渗透率等参数。图 2.11(b) 表示模拟的三维孔隙介质模型。由于实现过程需要沿着流体方向的周期边界条件，在立方体的两个边界上，都是从薄片图像上得到的条件数据。

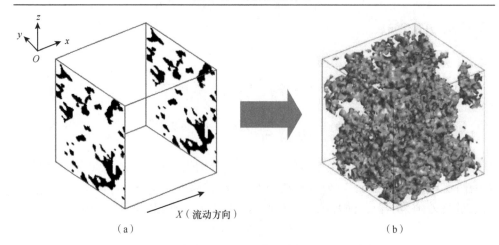

（a）　　　　　　　　　　　　　　　　　　（b）

图 2.11　由二维薄片的二值图像重构得到的三维数字岩心

2.4　多点统计法

随机法中经常应用的是传统的两点地质统计学，但两点地质统计学有一些不足，无法刻画一些复杂的孔隙形态和长距离连通孔隙，而岩石孔隙的连通特性在计算宏观传导性质中起着非常重要的作用，直接影响着数值模拟结果的好坏，另外在大尺度的地质建模上传统的两点统计也无法刻画复杂的河道。

图 2.12 中为三个不同的弯曲河道形态，但是它们几乎具有一样的变差函数，说明基于变差函数的两点地质统计方法的不足[8]。

多点地质统计仍然属于随机模拟的方法，所以要计算每一待模拟点的条件概率分布函数(cpdf)，与两点地质统计不同的是，多点地质统计的条件概率分布函数，是依据搜索模板扫描训练图像得到的。搜索模板[9]是由数据模板和数据事件组成。数据模板为 τ_n，它是由 n 个向量组成的几何形态，$\tau_n=\{h_\alpha; \alpha=1, 2, \cdots, n\}$。设模板中心位置为 u，模板其他位置 $u_\alpha=u+h_\alpha(\alpha=1, 2, \cdots, n)$。例如图 2.13 (a) 就是一个 4 节点组成的二维数据模板，u_α 由中心 u 和 4 个向量 h_α 所确定。在三维空间中数据模板的定义和二维是一样的。

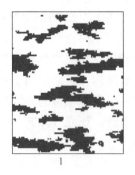

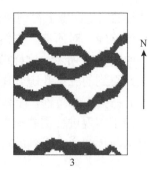

1　　　　　　　　　　　2　　　　　　　　　　　3

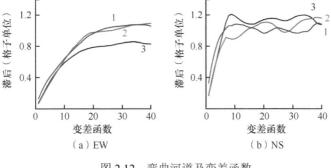

图 2.12　弯曲河道及变差函数

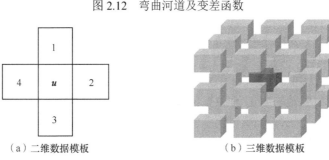

图 2.13　二维数据模板和三维数据模板

假定一种属性 S 可取 K 个状态值 $\{s_k; k=1, 2, \cdots, K\}$。由数据模板[7]中的 n 个向量 $\boldsymbol{u}_\alpha$ 位置的 n 个状态值所组成的"数据事件" $d(\boldsymbol{u})$ 可以定义为

$$d(\boldsymbol{u})=\{i(\boldsymbol{u}_\alpha)=s_{k_\alpha}; \alpha=1, 2, \cdots, n\} \tag{2.19}$$

式中，$i(\boldsymbol{u}_\alpha)$ 为在 $\boldsymbol{u}_\alpha$ 位置的数据点；$d(\boldsymbol{u})$ 为该点 n 个向量位置的状态值 $i(\boldsymbol{u}_1), \cdots, i(\boldsymbol{u}_n)$ 分别为 $s_{k_1}, \cdots, s_{k_n}$。

利用数据模板扫描训练图像是为了统计一个数据事件 $d(\boldsymbol{u})$ 出现的概率，即数据事件中的 n 个数据点 $i(\boldsymbol{u}_1)$, $i(\boldsymbol{u}_2), \cdots, i(\boldsymbol{u}_n)$ 分别处于某个状态值 s_{k_α} 时该数据事件出现的概率：

$$p\{d(\boldsymbol{u})\}=p\{i(\boldsymbol{u}_\alpha)=s_{k_\alpha}; \alpha=1, 2, \cdots, n\} \tag{2.20}$$

在应用任一给定的数据模板对训练图像扫描的过程中，当训练图像中的一个数据事件与数据模板的数据事件 $d(\boldsymbol{u})$ 相同时，称为一个重复[10]。在平稳假设的前提下，即假定统计数据的分布不因为空间位置的改变而变化，数据事件 $d(\boldsymbol{u})$ 在有效的训练图像中的重复数 $c(d(\boldsymbol{u}))$ 与有效的训练图像的大小 N_n 的比值，相当于该数据事件 $d(\boldsymbol{u})$ 出现的概率：

$$p\{i(\boldsymbol{u}_\alpha)=s_{k_\alpha}; \alpha=1, 2, \cdots, n\} \approx \frac{c(d(\boldsymbol{u}))}{N_n} \tag{2.21}$$

对于任一待模拟点 $\boldsymbol{u}$，需要确定在给定 n 个条件数据值 $i(\boldsymbol{u}_\alpha)$ 的情况下，属性 $i(\boldsymbol{u})$ 取 K 个状态值中任一个状态值的 cpdf。根据贝叶斯条件概率公式，该 cpdf 可表达为

$$p\{i(\boldsymbol{u})=s_k|d(\boldsymbol{u})\}=\frac{p\{i(\boldsymbol{u})=s_k\,\text{and}\,i(\boldsymbol{u}_\alpha)=s_{k_\alpha};\alpha=1,\cdots,n\}}{p\{i(\boldsymbol{u}_\alpha)=s_{k_\alpha};\alpha=1,\cdots,n\}} \tag{2.22}$$

式中，分母为条件数据事件出现的概率；分子为条件数据事件和待模拟点 $\boldsymbol{u}$ 取某个状态值的情况同时出现的概率，相当于在已有的 $c(d(\boldsymbol{u}))$ 个重复中 $i(\boldsymbol{u})=s_k$ 的重复的个数 $c_k(d(\boldsymbol{u}))$ 与有效的训练图像的大小 N_n 的比值，记为 $c_k(d(\boldsymbol{u}))/N_n$。因此，cpdf[9]可表示成：

$$p\{i(\boldsymbol{u})=s_k\mid i(\boldsymbol{u}_\alpha)=s_{k_\alpha};\alpha=1,\cdots,n\}\approx\frac{c_k(d(\boldsymbol{u}))}{c(d(\boldsymbol{u}))} \tag{2.23}$$

在得到了待模拟点的 cpdf 值后，cpdf 会转化成局部累积概率分布函数 ccdf，然后通过产生随机数与 ccdf 分位数的大小得到该点的模拟值。

在 1994 年，Srivastava[11]就提出了这种统计建模的方法，但是如果每模拟一个点就要扫描一次训练图像的话，那么计算时间会很长，所以这种方法一直没有推广使用。直到 2000 年 Strebelle[9]提出了动态存储结构"搜索树"，只需扫描训练图像一次，在给定搜索模板的情况下，所有可能的形式和数据模板的重复次数 $c_k(d(\boldsymbol{u}))$ 和 $c(d(\boldsymbol{u}))$ 都被保存在搜索树中，这样就大大节省了计算时间，使这一算法得到广泛应用。

图 2.14 中三幅图都是大小为 400×400×400 的岩石二维的数字图像，分辨率是 5.345μm，黑色部分表示孔隙，图 2.14(a) 是真实砂岩的二维图像，同时作为多点地质统计的训练图像；图 2.14(b) 是用多点统计的方法得到的模拟图；图 2.14(c) 是用顺序指示模拟的方法(两点统计方法)得到的模拟图像。可以看出，用多点统计方法模拟的结果要好于两点统计模拟的结果，因为多点模拟在求取一点的概率密度分布函数时综合了多个点的信息，而两点统计的方法只考虑了两点之间的相关性。

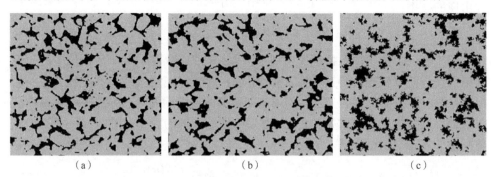

(a)　　　　　　　(b)　　　　　　　(c)

图 2.14　真实砂岩二维图像(a)、用多点统计方法得到的模拟图像(b)、用两点统计方法得到的模拟图(c)

图 2.15 是以三维训练图像为基础多点
统计法得到的模拟图像，绿色部分表示孔
隙。可以看出模拟生成的图像仍然是有长距
离的连通孔隙，很好地再现了训练图像的一
些孔隙形态。虽然多点地质统计是一种十分
优秀的建模方法，但是该方法通常是用二维
的训练图像产生二维的模拟图像或者二者
都是三维的。而如果要用二维的岩石数字图
像产生三维图像，二维的训练图像是一个平
面，统计信息有限，不包含三维的统计信息。

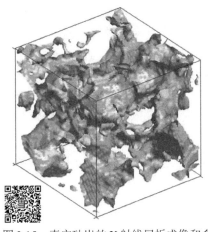

图 2.15　真实砂岩的 X 射线层析成像和多
点统计方法得到的模拟图像（扫码见彩图）

　　对于传统的多点统计算法，如果不做修
改，则用二维训练图像产生的三维模拟图像
的结果是没有意义的。2004 年，Okabe 和
Blunt[12]研究了用二维的训练图像产生三维的模拟图像。他的方法是在计算某一点
的概率分布函数时，分别计算包含这一点的三个二维的正交平面的概率分布函数
（图 2.16），然后用每一个平面上条件数据的多少作为权系数加权平均，得到这一
点的概率分布函数。这种方法考虑不同平面的条件数据，也就是考虑了在三维的
条件数据的共同影响下，该点的模拟值的属性，得到比较好的模拟结果。

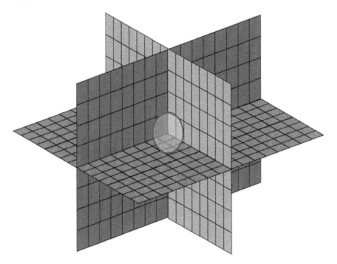

图 2.16　三维点的 cpdf 的条件数据分布（扫码见彩图）

　　用搜索模板扫描训练图像时，搜索模板的数据点的数量是可以选择的，但
是如果数量太大，会占用极大的计算机内存，影响建模速度。如果太小，则不
能包含足够的结构特征，会影响模拟的结果。所以在 1994 年，Tran 提出了多重

格子技术[13]。简单地说，就是在大小合适的搜索模板点中，填充一些无效的格子点来扩大搜索模板，但不增加有效的数据点。在模拟时也是先模拟粗格子点，然后逐渐减小无效点的数量，最后把所有无效点都去除，用最细的搜索模板点模拟数据。

　　图 2.17 是用改进的多点地质统计方法得到的模拟图像。图像大小是 128×128×128 的网格点，孔隙度是 20.20%，与训练图像的孔隙度 19.6%十分接近，在模拟的时候分布了一些条件数据，这点与 Okabe 的方法有所不同[12]。从图中可以看到有长距离的连通孔隙，这在渗透率的预测中是非常重要的。

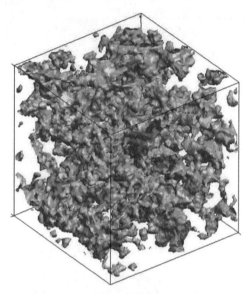

图 2.17　用改进的多点地质统计方法得到的模拟图像（扫码见彩图）

参 考 文 献

[1] 张丽, 孙建孟, 孙志强. 数字岩心建模方法应用. 西安石油大学学报(自然科学版), 2012, 27(3): 35-40

[2] Dunsmuir J H, Ferguson S R, D' Amico K L, et al. X-ray microtomography: A new tool for the characterization of porous media. SPE Annual Technical Conference and Exhibition, Dallas, 1991

[3] Coenen J, Tchouparova E, Jing X. Measurement parameters and resolution aspects of micro X-ray tomography for advanced core analysis. The International Symposium of the Society of Core Analysts, Abu Dhabi, 2004

[4] 朱益华, 陶果, 方伟, 等. 低渗气藏中气体渗流 Klinkenberg 效应研究进展. 地球物理学进展, 2007, 22(5): 1591-1596

[5] 姚军, 赵秀才, 衣艳静, 等. 数字岩心技术现状及展望. 油气地质与采收率, 2005, 12(6): 52-54

[6] Ioannidis M, Kwiecien M, Chatzis I. Computer generation and application of 3-D model porous media: From pore-level geostatistics to the estimation of formation factor. SPE 30201, 1995

[7] 陶军, 姚军, 赵秀才. 利用 IRIS Explorer 数据可视化软件进行孔隙级数字岩心可视化研究. 石油天然气学报, 2006, 28(5): 51-53

[8] Caers J, Zhang T F. Multiple-point geostatistics: A quantitative vehicle for integrating geologic analogs into multiple reservoir models. AAPG Memoir, 2004, 80: 1-24

[9] Strebelle S B. Sequential simulation drawing structures from training images. Palo Alto: Stanford University, 2000

[10] 吴胜和, 李文克. 多点地质统计学——理论、应用与展望. 古地理学报, 2005, 7(1): 137-144

[11] Srivastava R M. An overview of stochastic methods for reservoir characterization//Yarus J M, Chambers R L. Stochastic Modeling and Geostatistics: Principles, Methods, and Case Studies. AAPG Computer Application in Geology, 1994: 3-20

[12] Okabe H, Blunt M J. Prediction of permeability for porous media reconstructed using multiple-point statistics. Physical Review E, 2004, 70: 066135

[13] Tran T. Improving variogram reproduction on dense simulation grids. Computers & Geosciences, 1994, 20(7-8): 1161-1168

第 3 章　基于数字岩心的岩石物理特性分析

3.1　数字岩心孔隙空间分割

图像分割是按照一定的方法将图像中的一些特征提取出来，这些特征可能是像素的灰度值、颜色、物体轮廓、反射特征、纹理、空间频谱等[1-22]。图像分割可以用集合的概念表示如下。

用集合 R 表示整个图像区域，对图像 R 的分割可以看作将 R 分成满足以下 5 个条件的非空子集 $R_1, R_2, \cdots, R_n$：

(1) $\bigcup\limits_{i=1}^{n} R_i = R$；

(2) 对所有的 i 和 j，$i \neq j$，有 $R_i \cap R_j = \varnothing$；

(3) 对 $i = 1, 2, \cdots, n$，有 $P(R_i) = \text{TRUE}$；

(4) 对 $i \neq j$，有 $P(R_i \cup R_j) = \text{FALSE}$；

(5) 对 $i = 1, 2, \cdots, n$，R_i 是连通的区域。

条件(1)说明分割应该是对图像整个区域的分割；条件(2)说明每个区域互不重叠，每个像素都只能属于一个区域；条件(3)说明分割到同一区域的像素具有某些相似性质；条件(4)说明分割到不同区域的像素具有不同的性质；条件(5)说明同一子区域的像素应相互连通。

图像分割的难点是阈值的确定，阈值选择不合理会造成目标与背景区域的混淆。阈值的定义是：假设用 $f(x, y)$ 表示图像的灰度值，设定一个阈值将灰度值大于该阈值的像素点置为 1，划分为目标区域，小于该阈值的像素点置为 0，划分为背景区。用公式表示如下：

$$g(x, y) = \begin{cases} 1, & f(x, y) \geqslant T \\ 0, & f(x, y) < T \end{cases} \tag{3.1}$$

式中，T 为阈值；$g(x, y)$ 为分割后的像素值。

随着人们对图像分割方法的关注，新的图像分割方法不断出现，对于图像分割算法的划分也没有统一的标准。如今广泛使用的方法有基于阈值的分割方法、基于变形模型的分割方法、基于区域生长的分割方法、基于聚类的分割方法和基于遗传算法的分割方法等。

本章选取了基于阈值的分割方法、基于聚类的分割方法和基于变形模型的分割方法进行介绍，并用最大类间方差法和 K 均值法进行了方法实现。

3.1.1　基于阈值的分割方法

基于阈值的分割方法是基于区域的图像分割方法中的一种。阈值分割就是选定一个灰度值，把图像中每个像素的灰度值和这个灰度值比较，像素灰度值大于该灰度值的像素点归于一类，像素灰度值低于该灰度值的归为另一类，这样就形成了目标和背景两类。阈值分割的关键是找到这个灰度值(称为最佳阈值)并对图像进行二值化处理。根据不同阈值分割方法的特征，可以分为最小误差法、最大类间方差法、最大熵法、基于图谱理论的阈值分割法等。

1. 最大类间方差法

最大类间方差法是基于阈值的分割方法中应用最广泛的，具有计算简单、效果稳定的特点。该方法由日本学者大津于 1979 年提出[23]，是一种自适应的确定阈值方法，又称大津法，简称 Otsu。该方法的基本思想是将待分割图像看成由目标和背景两部分组成的，根据目标与背景之间方差的大小，确定出使目标和背景之间方差最大的灰度值即为最佳阈值。

1) 一维最大类间方差法

假设一幅灰度图的灰度级为 L，n_i 表示灰度值为 i 的像素数，n 表示图像中总的像素数，p_i 表示图像中灰度值为 i 的像素出现的概率，故有 $p_i = n_i/n$。设定阈值为 t 将图像中像素按灰度值分为 C_0、C_1 两类，其中 $C_0=\{0, 1, 2, \cdots, t\}$，$C_1=\{t+1, t+2, t+3, \cdots, L-1\}$。

C_0 和 C_1 出现的概率分别为

$$p_{C_0} = \sum_{i=0}^{t} p_i = p(t) \tag{3.2}$$

$$p_{C_1} = \sum_{i=t+1}^{L-1} p_i = 1 - p(t) \tag{3.3}$$

C_0 和 C_1 的灰度级分别为

$$\mu_0 = \sum_{i=0}^{t} i \frac{p_i}{p_{C_0}} = \frac{\mu(t)}{p(t)} \tag{3.4}$$

$$\mu_1 = \sum_{i=t+1}^{L-1} i \frac{p_i}{p_{C_1}} = \frac{\mu_T - \mu(t)}{1 - p(t)} \tag{3.5}$$

用 σ_B^2 表示目标与背景间的类间方差，则

$$\sigma_B^2 = w_0(\mu_0 - \mu_T)^2 + p_{C_1}(\mu_1 - \mu_T)^2 \tag{3.6}$$

那么最佳阈值可表示为

$$t^* = \operatorname{Arg\,max}\{\sigma_B{}^2(t)\}, \quad 0 \leqslant t \leqslant L-1 \tag{3.7}$$

式中，$p(t)$ 为灰度小于 t 的累积概率；$\mu(t)$ 为灰度小于 t 的平均灰度值；μ_T 为图像整体灰度均值；μ_0 为 C_0 的平均灰度级；μ_1 为 C_1 的平均灰度级。

一维最大类间方差法对图像分割时仅用到了像素点的灰度值，没有反映出像素点局部的空间信息，容易受到光照、噪声等因素的影响。

2) 二维最大类间方差法

假设原图像 $f(x, y)$ 有 L 级灰度，那么邻域均值平滑图像 $g(x, y)$ 也有 L 级灰度，由此得到二元数组 (i, j)，i 代表像素灰度值，j 代表邻域平均灰度值。用 f_{ij} 表示灰度值为 i、邻域灰度值为 j 的像素点个数，M 表示图像总的像素点个数，则二维联合概率密度为

$$p_{ij} = f_{ij} / M$$
$$\sum_{i=0}^{L-1}\sum_{j=0}^{L-1} f_{ij} = M \tag{3.8}$$
$$\sum_{i=0}^{L-1}\sum_{j=0}^{L-1} p_{ij} = 1$$

定义如下的离散矩阵：

$$\mathbf{sb} = \sum_{k=0}^{1} w_k [(\boldsymbol{\mu}_k - \boldsymbol{\mu}_T)(\boldsymbol{\mu}_k - \boldsymbol{\mu}_T)^T] \tag{3.9}$$

目标与背景之间的离散预测度为

$$\operatorname{tr}(\mathbf{sb}) = p_{C_0}[(\mu_{0i} - \mu_{Ti})^2 + (\mu_{0i} - \mu_{Tj})^2] + p_{C_1}[(\mu_{1i} - \mu_{Ti})^2 + (\mu_{1i} - \mu_{Tj})^2] \tag{3.10}$$

当 $\mathbf{sb}$ 的离散预测度最大时，(s, t) 的取值即为最佳阈值 (s^*, t^*)，即

$$(s^*, t^*) = \operatorname{Arg\,max}\{\operatorname{tr}(\mathbf{sb})\}, \quad 0 \leqslant s^*, t^* \leqslant L-1 \tag{3.11}$$

2. 基于图论的方法

基于图论的方法是利用最优化的方法对图像进行分割。这里主要介绍其中的归一化分割方法。

设图像构建的带权无向图为 $G = (V, E)$，$w(u, v)$ 是 u 和 v 两个节点的边上的权值。定义如下：

$$w(u,v) = \begin{cases} \mathrm{e}^{-\left[\frac{\|X(u)-X(v)\|_2^2}{d_X} + \frac{\|F(u)-F(v)\|_2^2}{d_L}\right]}, & \|X(u)-X(v)\| < r \\ 0, & \text{其他} \end{cases} \qquad (3.12)$$

式中，$X(u)$ 为节点 u 在图像中的位置 (x_1, y_1)；$F(u)$ 为节点 u 在图像中的位置 (x_1, y_1) 处的灰度值 $f(x_1, y_1)$；$\|\bullet\|_2$ 为矢量的二范数；d_L 和 d_X 都是正的尺度因子，决定了权值 $w(u,v)$ 对节点 u 和 v 空间位置差异性的敏感程度，以及对两个节点灰度级的差异性。r 控制邻域节点个数，随着 r 增大，计算权值用到的节点个数增加，计算量增大。

如果图像只有一个目标和背景，则阈值化的图像分割只需要选择一个阈值 $t(0 \leqslant t \leqslant L-1)$ 即可，根据此阈值将图像分割成目标和背景。这样可以得到图像对应图 $G = (V, E)$ 的一个划分 $V = \{A, B\}$，子图 A 和 B 分别表示成 $A = \bigcup\limits_{i=0}^{t} V_i$，$B = \bigcup\limits_{i=t+1}^{L-1} V_i$，$i \in \{0, 1, \cdots, L-1\}$，其中 V_i 为所有灰度值为 i 的集合，L 为图像的灰度级数，则有

$$\mathrm{cut}(A,B) = \sum_{u \in A, v \in B} w(u,v) = \sum_{i=0}^{t} \sum_{j=t+1}^{L-1} \left[\sum_{u \in V_i} \sum_{v \in V_j} w(u,v) \right] \qquad (3.13)$$

$$\mathrm{asso}(A,A) = \sum_{i=0}^{t} \sum_{j=0}^{t} \left[\sum_{u \in V_i} \sum_{v \in V_j} w(u,v) \right] \qquad (3.14)$$

$$\mathrm{asso}(B,B) = \sum_{i=t+1}^{L-1} \sum_{j=t+1}^{L-1} \left[\sum_{u \in V_i} \sum_{v \in V_j} w(u,v) \right] \qquad (3.15)$$

式 (3.13) 变为

$$\mathrm{Ncut}(A,B) = \frac{\mathrm{cut}(A,B)}{\mathrm{asso}(A,A) + \mathrm{cut}(A,B)} + \frac{\mathrm{cut}(A,B)}{\mathrm{asso}(B,B) + \mathrm{cut}(A,B)} \qquad (3.16)$$

式 (3.13) ～式 (3.16) 中，$\mathrm{cut}(A, B)$ 为割集准则代价函数；$\mathrm{asso}(A, A)$ 是子图 A 内所有顶点之间的连接权值之和；Ncut 为二区划分的规范分割目标函数。

对于每一个 $t(0 \leqslant t \leqslant L-1)$ 通过式 (3.16) 可以得到 Ncut 值，从而获得使 Ncut 最小的 t 值，这时的 t 值即为分割的阈值。

3.1.2　基于聚类的分割方法

聚类是指在没有训练样本的条件下，将一组样本划分为若干个类别的过程。基于聚类的图像分割方法是将待分割的图像看成是特征空间中待分割的点，假定分割后相同的区域是一类，分类后通过映射得到原图像，这样就完成了图像分割。

基于聚类的分割方法有多种分类方法。其中一种有代表性的是将其划分为硬划分聚类和软划分聚类。硬划分聚类方法应用像素的特征值，如颜色、灰度等进行类似度划分，然后再通过最小化目标函数获得最优解，经典的方法有 H 均值法、K 均值法、全局 K 均值法、J 均值法。软划分聚类方法是利用像素的归属度或概率对像素进行类似度划分，然后对最小化目标求函数最大化似然函数获得最优解。属于一种间接方法，经典的算法有模糊 C 均值算法、模糊 K 均值算法等。

1. 模糊聚类中的模糊 C 均值算法

模糊聚类分割方法是一种基于目标函数的迭代优化算法。样本点的隶属度范围为[0, 1]，每个样本点对各个类的隶属度之和为 1，可以理解为样本点对每个聚类都有一个隶属关系，这使样本点有不同的模糊隶属度函数，但却归属于所有的聚类。模糊聚类属于软划分方法，能够真实反映复杂图像的不确定性和模糊性。

传统聚类方法划分对象归属要十分明确，不能同时属于两个或多个类别。但通常由于图像的复杂性和不确定性，很难将一个样本点只归属于一个类别，要描述这种一个样本归属于多个对象的情况，模糊聚类方法将模糊数学理论引入聚类算法中，利用模糊数学对处理事务间模糊关系的精确表述，更好地解决复杂图像的分割问题。

模糊聚类的方法很多，且随着研究的深入，更多先进的算法或改进的算法被提出来。研究最为广泛的是模糊 C 均值算法(FCM)，并提出了很多种的改进算法。FCM 方法是通过对目标函数的迭代优化，再对数据样本集进行模糊聚类的一种方法，它避免了设定阈值的问题，且能解决阈值化分割难以解决的多个分支分割问题。

FCM 方法的思想是使类内平方误差之和最小，通过不断迭代来实现。具体的目标函数为

$$J_m(U, V) = \sum_{i=1}^{c} \sum_{k=1}^{n} U_{ik}^m \parallel v_i - x_k \parallel^2 \tag{3.17}$$

式中，m 为隶属度函数的加权指数；$V = \{v_1, v_2, \cdots, v_c\}$ 为各个聚类中心的集合，$v_i - x_k$ 用来计算某一点 x_k 到某一聚类中心 i 的距离；U_{ik}^m 为隶属度。

2. 硬聚类中的模糊 K 均值算法

硬聚类是将样本点归属于不同的隶属度函数，取值分别为 0 和 1，每个样本都必须归属于某一个类别。硬聚类中一种流行的方法是 K 均值算法。

K 均值算法的核心思想是不断迭代，在满足非线性目标函数最小化的前提下，将由 n 个对象构成的数据集分成 k 个类别 $C_i(i = 1, 2, \cdots, k)$，使类内对象具有高的相似度，而类间对象相似度较低。

$$J=\sum_{i=1}^{k}J_i=\sum_{i=1}^{k}\left[\sum_{j,X_j\in C_i}\parallel X_j-C_i\parallel\right]$$

$$=\sum_{i=1}^{k}\left[\sum_{X_j\in C_i}d(X_j,C_i)\right] \tag{3.18}$$

算法步骤如下。

(1)确定 k 值，即需要分类的类数。

(2)从数据集中随机选取 k 个对象作为 k 个类 C_i 的初始聚类中心。

(3)依次计算对象 X_j 与聚类中心 C_i 的距离 $d(X_j,C_i)$，将对象归入距离最小的类中。

(4)计算新生成的类 C_i 的均值，作为新的聚类中心。

(5)计算非线性目标函数，如果误差函数的变化很小，则结束聚类，否则重复步骤(3)～(5)。

3.1.3　基于变形模型的分割方法

传统的图像分割方法依赖于图像本身的灰度、纹理等低层次视觉属性来分割，很难达到理想的分割效果。图像分割需要一种灵活的方法，能够将图像本身的视觉属性(如纹理、灰度、边缘、色彩等)与人们已有的对分割目标的知识和经验(如目标形状的描述、色彩的经验统计、亮度等)结合起来，得到完整的分割图像。基于可变模型的分割方法就是在这一背景下发展起来的。

基于变形模型的分割方法起源于 1987 年 Kass 等发表的论文"Snakes：Active Contour Models"，该论文发表后，可变模型迅速成为图像分割中研究最为活跃和成功的领域之一。

可变模型可以分为两类：参数可变模型和几何可变模型。参数可变模型允许在变形过程中以显示参数形式表示曲线和曲面，允许与模型直接进行交互，表达紧凑，利于模型快速实时地实现；几何可变模型是基于曲线演化理论和水平集的方法，该方法将曲线和曲面以隐式形式表达成高位标量函数的水平集。这些变形模型的能量方程通常有两种类型的能量项(内力能量和外力能量)，变形过程就是两种能量此消彼长，最终达到平衡的过程。

1. 传统 Snake 模型

参数可变模型是在目标区域定义一条带有能量的曲线或曲面，然后在内部能量和外部能量的作用下发生改变，当能量最小化时得到目标区域的边界。

对于给定一个灰度图 $f(x,y)$，分割目标区域时，有如下公式：

$$E_{\text{ext}}^{(1)}=-|\nabla f(x,y)|^2 \tag{3.19}$$

$$E_{\text{ext}}^{(2)} = -k(s)|\nabla[G_{\sigma}(x,y)*f(x,y)]|^2 \tag{3.20}$$

式中，$E_{\text{ext}}^{(1)}$ 为图像能量；$E_{\text{ext}}^{(2)}$ 为约束能量；$k(s)$ 为权重系数；∇ 为梯度算子；$G_{\sigma}(x,y)$ 为标准差为 σ 的二维高斯函数。过大的 σ 会使图像边界模糊，但是为了扩大轮廓线的捕捉范围，需要适当增大 σ。

根据变分原理，当能量曲线 $v(s)$ 满足欧拉方程[式(3.21)]时能量泛函 E_{snake} 最小：

$$\alpha v'(s) - \beta v''(s) - \nabla E_{\text{ext}} = 0 \tag{3.21}$$

为求出式(3.21)的解，可以把 $v(s)$ 看作 s 和时间 t 的函数，即 $v(s)=v(s,t)$，这样就可以使变形模型动态化。式(3.21)的解可通过求解式(3.22)的数值解得到：

$$v_t(s,t) = \alpha v'(s,t) - \beta v''(s,t) - \nabla E_{\text{ext}} \tag{3.22}$$

式(3.21)和式(3.22)中，β 为能量曲线平滑度指数；α 为能量曲线收缩速度指数；$v'(s,t)$ 为 $v(s,t)$ 对 t 的偏导。当 $v(s,t)$ 稳定时，$v(s,t)=0$，就可以得到式(3.22)的数值解；系数 α、β 分别控制模型的弹性和刚性。

2. Snake 算法流程

Snake 模型的算法流程主要包括图像的读取、图像预处理、初始轮廓获取、设定迭代次数、进行迭代，直到人机交互结果满意为止。模型初始化和迭代过程流程如图 3.1 所示。

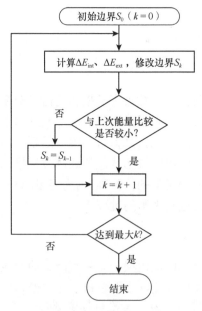

图 3.1　Snake 算法流程图

k 为迭代次数，S_k 为第 k 次迭代得到的边界

3.1.4　基于数字图像定量孔隙结构描述

岩石的形成及性质演变受到有机活动和沉积后活动(如分解、胶结、重结晶和交代等)的影响。胶结和分解过程使岩石形变,形成多种多样的颗粒大小、孔隙形状和结构等,这些变化会增大或减小孔隙度和渗透率。

数字图像分析主要包括三个步骤:图像获取、图像分割和孔隙参数提取。在图像二值化之后,就可以提取岩心图像中的孔隙参数了。具体分析指标包括周长、面积、角度、长轴、短轴、孔隙形状参数、最佳椭圆拟合、圆度、质心坐标等。

孔隙特征参数最早由 Russ[24]提出,他将孔隙参数分为全局参数和局部参数两类。全局参数描述整个岩心薄片的特征,局部参数描述单个孔隙的特征。基础的局部参数包括面积、周长、孔隙椭圆的长轴和纵轴。根据局部参数可以得到直径、纵横比、圆度等。

常用来定量描述岩石孔隙特征的指标包括如下方面。

1) 面积

岩心图像中单个孔隙的面积或所有孔隙的总面积。

2) 孔隙度

岩心图像中所有孔隙的面积之和与整个图像面积的比值。

3) 周长

岩心图像中单个孔隙边界的长度之和或所有孔隙边界长度之和。

4) 孔隙形状参数(γ)

除了孔隙的大小,孔隙的形状也影响着岩石的物性,长形孔隙与圆形孔隙对岩石物性的影响是不同的[25]。用周长与孔隙面积之比作为孔隙形状参数,孔隙形状参数与连通性有关,因为复杂的孔隙几何形状更有可能形成连通的孔隙网络。为了使周长与面积之比成为无因次量,需要用到面积的平方根,为了便于比较需要将其归一化,使圆形孔隙的比值为 1,故孔隙形状参数的计算公式为

$$\gamma = \frac{P}{2\sqrt{\pi A}} \tag{3.23}$$

式中,P 为单个孔隙周长;A 为单个孔隙面积。孔隙形状参数越大,孔隙连通性越好。一个完美的圆有 $\gamma = 1$,长形孔隙的 γ 值大于 1。

整个样品的孔隙形状参数平均值($\bar{\gamma}$)可以通过孔隙面积对每个孔隙的 γ 加权平均得到,公式如下:

$$\overline{\gamma} = \frac{\sum_i (A_i \gamma_i)}{\sum_i A_i} \tag{3.24}$$

式中，A_i 为第 i 个孔隙的面积；γ_i 为第 i 个孔隙的孔隙形状参数。

5）PoA 参数

PoA 参数是总孔隙面积与周长的比值，描述孔隙系统的复杂程度。PoA 值越低，说明孔隙系统越简单。

6）DOM 参数

DOM 参数指示了样本主要孔隙大小的范围，DOM 定义为占据了孔隙面积前 50% 的孔隙大小。大型孔隙占据了孔隙空间的大部分，同时大孔隙在数量上比较少。

7）纵横比（α）

纵横比是围绕孔隙的椭圆的短半轴长与长半轴长的比值，它描述了孔隙边界椭圆的延长和扁平程度，这里要用到椭圆拟合的方法对孔隙进行最佳椭圆拟合，从而得到孔隙椭圆的短半轴长和长半轴长。椭圆拟合的示意图如图 3.2 所示。

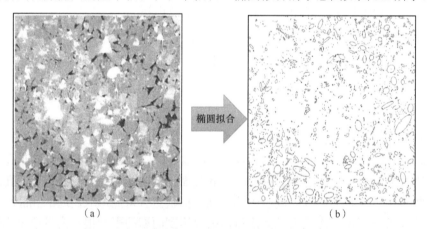

图 3.2　样品一的椭圆拟合示意图

图 3.2（b）中有许多椭圆，是用最佳拟合椭圆方法对样品一的灰度图中的孔隙拟合成椭圆的结果，图中椭圆有的接近于圆，有的比较扁长，这一特征可以用孔隙形状参数和纵横比来表征。

用数字图像分析的方法对 6 个样品计算的全局参数如表 3.1 所示。

根据图 3.3 可知，数字图像分析方法与 Otsu 方法计算的孔隙度比较接近，数字图像分析方法是用孔隙面积除以图像总面积的方法计算出的孔隙度，Otsu 方法是用灰度值计算。

表 3.1 6 个岩心样本的全局参数

样品编号	阈值	Otsu 方法计算的孔隙度/%	数字图像分析方法计算的孔隙度/%	孔隙数量	所有孔隙面积	所有孔隙周长	PoA 参数	DOM 参数	孔隙形状参数
0125	174	10.90	11.01	4906	110363	1238.15	89.14	479	1.98
0126	174	10.98	11.06	5054	110835	1236.47	89.64	483	2.08
0127	175	11.48	11.60	5498	116261	1267.06	91.76	519	2.10
0128	175	11.56	11.77	5639	117972	1276.43	92.42	511	2.09
0129	176	12.09	12.35	6298	123779	1306.37	94.75	560	2.16
0130	177	12.64	12.77	7073	127994	1328.72	96.33	542	2.11

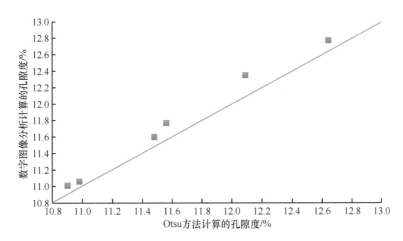

图 3.3 用 Otsu 和数字图像分析方法计算的孔隙度交会图

PoA 参数低的时候说明孔隙系统较为简单,根据表 3.1 中 PoA 参数可以知道样品 0125 和 0126 的孔隙系统比较简单。根据 DOM 参数,可以知道各个样品中累积孔隙面积占总孔隙面积 50%的孔隙面积界限值。样品 0129 的 DOM 参数为560,说明其孔隙面积普遍较大。孔隙形状参数越大,则岩石的连通性越好,由表3.1 可知样品 0129 的孔隙连通性最好。

不同岩石样本的孔径分布不同,由于本书中采用的样品来自同一块岩心,故其孔径分布趋势比较相似(图 3.4,图 3.5)。

采用样品的孔径分布集中在 6.4μm 处,表明其主流孔隙属于小孔隙,也说明其小孔隙类孔隙的孔隙度贡献程度高。

根据数字图像分析方法对样品 X5 和 X6 所有孔隙大小的统计结果,做出各自的孔隙形状参数分布图,如图 3.6 和图 3.7 所示。

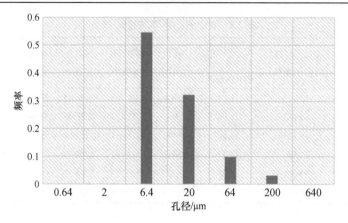

图 3.4　样品 X5 的孔隙大小分布直方图

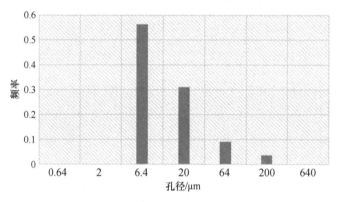

图 3.5　样品 X6 的孔隙大小分布直方图

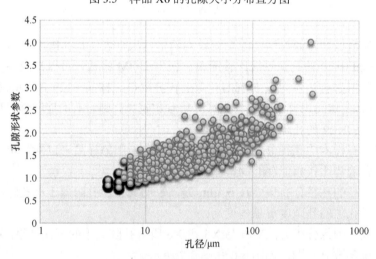

图 3.6　样品 X5 的孔隙形状参数分布图

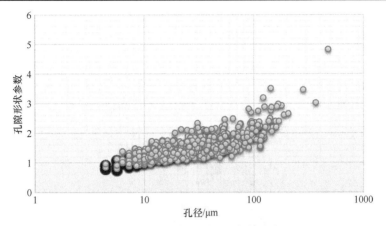

图 3.7　样品 X6 的孔隙形状参数分布图

根据两个样品的孔隙形状分布图(图 3.6,图 3.7),可以发现该岩石的孔径主要分布在 6～110μm,且孔径增大的同时,该孔隙的形状参数总体也随之增大,说明孔隙越大其连通性越好。

根据数字图像分析方法对样品编号为 0125、0126、0127、0128、0129 和 0130 中孔隙椭圆长轴和短轴的统计数据,可以得到各自的纵横比分布频率折线图如图 3.8 所示。

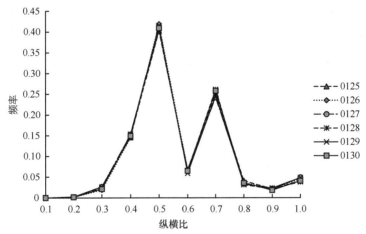

图 3.8　样品纵横比频率分布折线图(扫码见彩图)

根据图 3.8 可知研究样品的代表性纵横比为 0.5。纵横比可以用于研究孔隙的延长情况,故可以认为本书研究样品的椭圆孔隙代表性纵横比为 0.5。

3.2　数字岩心裂缝识别

在对裂缝的研究中,裂缝的识别和提取是不可或缺的,裂缝的识别就是判别图像中是不是存在裂缝，假如图像中存在裂缝就需要把裂缝提取出来。本书通过研究几种边缘检测算子，并结合碳酸盐岩数字岩心图像分析，从而实现了对裂缝的识别。

　　不管是对裂缝的识别还是提取，均需要用到岩心样品的 CT 扫描图像，图 3.9 给出某一含裂缝碳酸盐岩样品不同位置的 CT 图像，可以看到图 3.9(a)、图 3.9(c) 和图 3.9(d) 中均有明显的裂缝发育，图 3.9(b) 发育细裂缝。

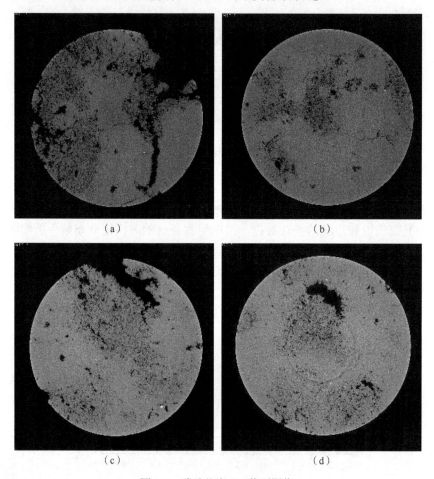

图 3.9　碳酸盐岩 CT 截面图像

3.2.1　Roberts 算子

　　对于一元连续函数 $f(x)$ 任意点的斜率，可以通过求导的方式获得，即

$$f'(x) = \frac{f(x + \Delta x) - f(x)}{\Delta x} \tag{3.25}$$

对于二元连续函数 $f(x, y)$ 任意面上点的斜率，能够通过求 x 和 y 分量的偏导

数获得，即

$$\frac{\partial f(x, y)}{\partial x} = \frac{f(x + \Delta x, y) - f(x, y)}{\Delta x}$$
$$\frac{\partial f(x, y)}{\partial y} = \frac{f(x, y + \Delta y) - f(x, y)}{\Delta y} \tag{3.26}$$

由于图像是离散的，因此可以把图像看作是二元离散函数 $f(x, y)$，可以通过求取 $f(x, y)$ 的偏导数用于图像的边缘检测，即

$$\boldsymbol{G}_x = \frac{\partial f(x, y)}{\partial x} = f(x + 1, y) - f(x, y)$$
$$\boldsymbol{G}_y = \frac{\partial f(x, y)}{\partial y} = f(x, y + 1) - f(x, y) \tag{3.27}$$

则图像的梯度为

$$\nabla f(x, y) = \frac{\partial f}{\partial x} + \frac{\partial f}{\partial y} \tag{3.28}$$

梯度的模值为

$$|\nabla f(x, y)| = \sqrt{\left(\frac{\partial f}{\partial x}\right)^2 + \left(\frac{\partial f}{\partial y}\right)^2} \tag{3.29}$$

梯度的方向为

$$\angle \nabla f(x, y) = \arctan\left(\frac{\partial f}{\partial y}\right) \bigg/ \left(\frac{\partial f}{\partial x}\right) \tag{3.30}$$

在 $\left(x + \frac{1}{2}, y + \frac{1}{2}\right)$ 进行差分，就能得到斜向的梯度：

$$G_x = \frac{\partial f(x, y)}{\partial x} = f(x + 1, y + 1) - f(x, y)$$
$$G_y = \frac{\partial f(x, y)}{\partial y} = f(x + 1, y) - f(x, y + 1) \tag{3.31}$$

相应的卷积模板为

$$\boldsymbol{G}_x = \begin{bmatrix} 1 & 0 \\ 0 & -1 \end{bmatrix}, \quad \boldsymbol{G}_y = \begin{bmatrix} 0 & 1 \\ -1 & 0 \end{bmatrix} \tag{3.32}$$

上述模板即为 Roberts 算子。

Roberts 算子其实就是对旋转 ±45° 两个方向邻近像素点做差，并将差值当作

梯度幅值。在用上述模板对图像像素点做卷积时，算子在竖直和水平方向的效果比对角线效果好，但是容易受噪声的影响。

图 3.10 是 Roberts 算子处理裂缝图 3.9(a) 和图 3.9(b) 的效果，可以看到 Roberts 算子对图像的边缘非常敏感，定位十分准确，对大裂缝的识别也比较准确，但是只能识别图像大体的轮廓，不能识别细小的裂缝，并且受噪声影响严重。

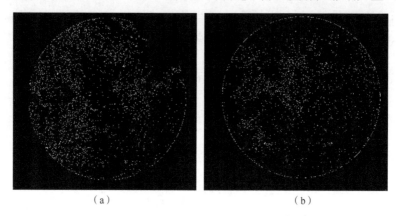

（a）　　　　　　　　　　　　　（b）

图 3.10　Roberts 算子处理后裂缝图像

3.2.2　Sobel 算子

Sobel 算子是一元离散微分算子，可以从竖直和水平方向来检测图像边缘。Sobel 算子不同于 Roberts 算子简单地求差分，增加了中间像素的 4 个相近像素的梯度运算，采用适当的阈值检测边缘。

设 $[a,b]$ 是图像中的任意像素点，则此点的邻近像素点为

$$\begin{bmatrix} a_0 & a_7 & a_6 \\ a_1 & [a,b] & a_5 \\ a_2 & a_3 & a_4 \end{bmatrix} \tag{3.33}$$

对点 $[a,b]$ 进行差分运算：

$$\nabla f_x = (a_6 + ca_5 + a_4) - (a_0 + ca_1 + a_2)$$
$$\nabla f_y = (a_0 + ca_7 + a_6) - (a_2 + ca_3 + a_4) \tag{3.34}$$

式中，c 为与选用的卷积模板尺寸有关的常数；选用 3×3 模板时，$c=2$。

在式(3.34)中 $c=2$，因此相应的卷积模板为

$$\boldsymbol{G}_x = \begin{bmatrix} -1 & 0 & 1 \\ -2 & 0 & 2 \\ -1 & 0 & 1 \end{bmatrix}, \quad \boldsymbol{G}_y = \begin{bmatrix} 1 & 2 & 1 \\ 0 & 0 & 0 \\ -1 & -2 & -1 \end{bmatrix} \tag{3.35}$$

上述模板即为 Sobel 算子。

Sobel 算子对边缘识别较准确，对多噪声图像有很好的检测效果，Sobel 算子只从两个方向检测边缘，因此对于复杂的裂缝识别效果不是太好。

图 3.11 是用 Sobel 算子处理裂缝图 3.9(a) 和图 3.9(b) 的效果，相比于 Roberts 算子，Sobel 算子处理的图像受噪声影响较小，对大裂缝也只能识别大体轮廓，小裂缝不能识别出来。

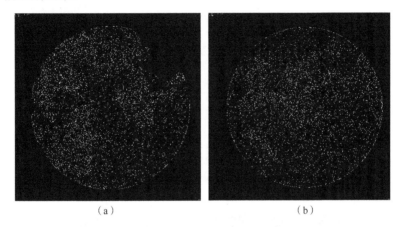

（a）　　　　　　　　　　　　　　（b）

图 3.11　Sobel 算子处理后裂缝图像

3.2.3　LOG 算子

Laplacian 算子是二元离散函数 $f(x, y)$ 的二阶差分形式，分别对横坐标 x 和纵坐标 y 进行差分：

$$\begin{aligned}\frac{\partial^2 f}{\partial x^2} &= f(x+1, y) + f(x-1, y) - 2f(x, y) \\ \frac{\partial^2 f}{\partial y^2} &= f(x, y+1) + f(x, y-1) - 2f(x, y)\end{aligned} \tag{3.36}$$

则差分形式为

$$\nabla^2 f = \frac{\partial^2 f}{\partial x^2} + \frac{\partial^2 f}{\partial y^2} = f(x+1, y) + f(x-1, y) + f(x, y+1) + f(x, y-1) - 4f(x, y) \tag{3.37}$$

相应的卷积模板为

$$\nabla^2 = \begin{bmatrix} 0 & 1 & 0 \\ 1 & -4 & 1 \\ 0 & 1 & 0 \end{bmatrix} \tag{3.38}$$

拉普拉斯算子检测边缘时受噪声和离散点的影响非常严重，需要对噪声进行抑制，因此引入了高斯滤波将噪声滤除，从而形成了 LOG 算子。

LOG 算子可以通过卷积求解：

$$H(x,y) = \nabla^2 \big[g(x,y) * f(x,y) \big] \tag{3.39}$$

求导后得到：

$$H(x,y) = \big[\nabla^2 g(x,y) \big] * f(x,y) \tag{3.40}$$

LOG 核函数为

$$\nabla^2 g(x,y) = \left(\frac{x^2 + y^2 - 2\sigma^2}{\sigma^4} \right) e^{-\frac{x^2+y^2}{2\sigma^2}} \tag{3.41}$$

式中，σ 为尺度参数。

图 3.12 是用 LOG 算子对裂缝图 3.9(a) 和图 3.9(b) 处理的效果，可以看到 LOG 算子得到了很好的边缘检测效果，且对噪声进行了有效的抑制，但也缺失了小裂缝的信息。

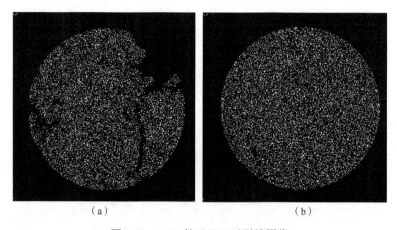

　　　　　（a）　　　　　　　　　　　　　　　　（b）

图 3.12　LOG 算子处理后裂缝图像

3.2.4　Canny 算子

Canny 提出了有关边缘检测的三个原则[22]，分别是信噪比原则（SNR）、定位精准性原则和单边响应原则。

1. 信噪比原则

信号源与噪声的比值越高，说明信号源越强，识别到的边界噪声干扰越少，识别到的细节也就越多，避免了将噪声当成边界进行识别，提高了容错率。其定义为

$$\mathrm{SNR} = \frac{\left| \int_{-\omega}^{\omega} G(-x)h(x)\mathrm{d}x \right|}{\sigma \sqrt{\int_{-\omega}^{\omega} h^2(x)\mathrm{d}x}} \tag{3.42}$$

式中，SNR 为信号源与噪声的比值；$h(x)$ 为高斯滤波器在检测某一边界 $[-\omega, \omega]$ 时产生的响应函数；$G(-x)$ 为边界函数，滤波器在检测到噪声的时候会发生响应；σ 为此时产生的标准差。

2. 定位精准性原则

定位精准性原则就是将识别到的边界进一步优化，补全图像基本信息，使识别到的边界与真实的边界差距变得越来越小，进而得到精确的定位。

$$\mathrm{EL} = \frac{\left| \int_{-\omega}^{\omega} G'(-x)h'(x)\mathrm{d}x \right|}{\sigma \sqrt{\int_{-\omega}^{\omega} h'^2(x)\mathrm{d}x}} \tag{3.43}$$

式中，$G'(-x)$ 和 $h'(x)$ 分别为 $G(-x)$ 和 $h(x)$ 的微分；EL 为定位边界的精确性，EL 越大则说明定位越精确。

3. 单边响应原则

单边响应就是对某一边界 $[-\omega, \omega]$ 进行识别，而不是同时对多个边界进行识别，从而减少了其他响应的影响，降低了其他响应的概率，保证了对错误边界点响应的抑制，而为确保真实的边缘点与测量到的边缘点相差不大，$D(h')$ 必须满足：

$$D(h') = \pi \sqrt{\frac{\int_{-\omega}^{\omega} h'^2(x)\mathrm{d}x}{\int_{-\omega}^{\omega} h''(x)\mathrm{d}x}} \tag{3.44}$$

式中，$h''(x)$ 为 $h(x)$ 的二次微分；$D(h')$ 为 $h(x)$ 微分的两个像素跳变点平均值。

Canny 方法在三个检测原则条件下，检测到的边界定位非常精确，并且能降低噪声的干扰。Canny 算子检测边缘实际操作环节。

（1）利用高斯滤波器抑制噪声。

（2）确定像素点的梯度方向和幅度。

（3）搜索梯度幅度的极大值。

（4）用双阈值确定边缘。

图 3.13 是利用 Canny 算子对图 3.9(a) 和图 3.9(b) 进行的处理，Canny 算子不容易受噪声的影响，识别的裂缝很准确。但 Canny 算子是在连续的条件下实现的，而图像和高斯滤波器又是离散的，容易造成信息缺失。且由于采用高斯滤波器，

容易把高频的边缘过滤掉，从而造成边缘的丢失。

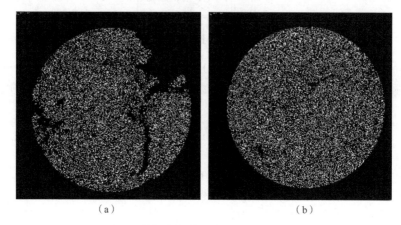

（a）　　　　　　　　　　　　　（b）

图 3.13　Canny 算子处理后裂缝图像

3.3　数字岩心裂缝提取

在对图像进行分割时，需要对像素点特征值判别是否达到阈值要求，从而将灰度图转化成二值图。阈值分割的原理：对图像像素点的灰度值进行分类，把不同等级的灰度值归类到一起，使每个区域内具有相同的属性，基于灰度等级可以选取单个或多个阈值，从而将裂缝与背景分离。

选取不同的阈值对图像的影响非常大，可以看到图 3.14 中，随着阈值的变大，得到图像边缘的信息越少，若想将裂缝提取出来就必须选取合适的阈值，但人工选择阈值容易造成很大的误差，因此需要对阈值分割方法进行调研。

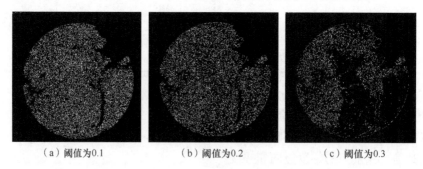

（a）阈值为0.1　　　　　　（b）阈值为0.2　　　　　　（c）阈值为0.3

图 3.14　Canny 算子在不同阈值下的二值图

3.3.1　直方图分割阈值

假设直方图中有 N 个灰度等级，M 个像素点，某一灰度值 i 的像素个数为 n_i，M 的表达式为

$$M = \sum_{i=0}^{N} n_i = n_0 + n_1 + \cdots + n_N \tag{3.45}$$

则灰度值 i 在灰度图中显现的概率为

$$p_i = \frac{n_i}{M} = \frac{n_i}{n_0 + n_1 + \cdots + n_N} \tag{3.46}$$

灰度值根据概率值 p_i 分布时,直方图会产生两个极大值,选取两个极大值中间的极小值作为阈值,就可以将裂缝与背景分隔开。

对图 3.9(a)进行二值化,并采用直方图分割阈值,所得结果如图 3.15 所示。

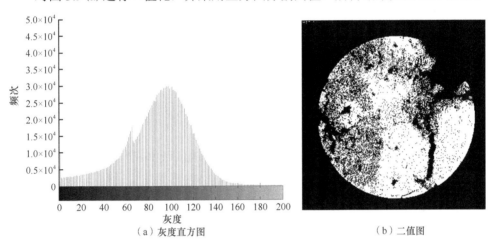

（a）灰度直方图　　　　　　　　　　　　　（b）二值图

图 3.15　利用直方图分割阈值

根据图 3.15 的灰度直方图选取灰度值 65 作为阈值,但是从图中可以看出只有一个明显峰值,另一个峰值并不明显,所以选取的阈值并不是特别准确,缺失了小裂缝的一些细节,这也体现了直方图分割阈值的局限性——只有在出现两个明显峰值时,分割精度才能取得较好的效果。

3.3.2　自动阈值分割法

自动阈值分割法基于灰度直方图,当裂缝与背景的类间方差最大时,选取此方差作为图像分割的最佳阈值。

设灰度集合为 $A = \{1, 2, 3, \cdots, i, \cdots, N\}$,图像有 M 个像素点,某一灰度值 i 的像素个数为 n_i,M 的表达式为

$$M = \sum_{i \in A} n_i = n_0 + n_1 + \cdots + n_N \tag{3.47}$$

设有基于阈值 t 分割灰度直方图的区域 X 和区域 $\bar{X}$ 。

则区域 X 和区域 $\bar{X}$ 的面积比分别为

$$S_1 = \sum_{i=0}^{t} \frac{n_i}{M}, \quad S_2 = \sum_{i=t+1}^{L-1} \frac{n_i}{M} \tag{3.48}$$

式中，L 为灰度级数。

整片区域的平均灰度为

$$H = \sum_{i=0}^{L-1} \left(f_i \times \frac{n_i}{M} \right) \tag{3.49}$$

式中，f 为图像函数。

区域 X 和区域 $\bar{X}$ 的平均灰度分别为

$$H_1 = \frac{1}{S_1} \sum_{i=0}^{t} \left(f_i \times \frac{n_i}{M} \right), \quad H_2 = \frac{1}{S_2} \sum_{i=t+1}^{L-1} \left(f_i \times \frac{n_i}{M} \right) \tag{3.50}$$

H 和 H_1、H_2 有以下的关系：

$$H = H_1 S_1 + H_2 S_2 \tag{3.51}$$

在相同区域内灰度值一般都是近似的，不同的区域中灰度值则有鲜明差别，当区域 X 和区域 $\bar{X}$ 灰度差别很大时，H 和 H_1、H_2 的差也会变得很大，H_1 和 H_2 之间的类间方差为

$$\sigma^2(t) = S_1(t)(H_1 - H)^2 + S_2(t)(H_2 - H)^2 \tag{3.52}$$

因此可以确定自动阈值分割法的最优阈值 T 为

$$T = \max[\sigma^2(t)] = \max[S_1(t)(H_1 - H)^2 + S_2(t)(H_2 - H)^2] \tag{3.53}$$

对图 3.9(a) 和图 3.9(b) 二值化，并采用自动阈值分割法分割阈值，所得结果如图 3.16 所示。

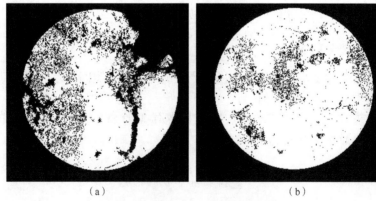

（a） （b）

图 3.16　利用自动阈值分割法分割阈值

利用自动阈值分割法所取图 3.16(a)的阈值为 0.1882，图 3.16(b)的阈值为 0.2118，相比于直方图分割的阈值，自动阈值分割法的阈值分割得更为准确，得到的裂缝信息也更为准确。

3.3.3　迭代法

设定一个原始阈值 t_0，求取图像中最小像素值和最大像素值的平均值 t_1，将图像分为两个区域，像素值大于平均值 t_1 的设为区域 R_1，像素值小于平均值 t_1 的设为区域 R_2，并求取区域 R_1 和区域 R_2 的平均值 t_2，将 t_2 作为全新的阈值替换 t_0，反复迭代，直到得到最佳阈值。

对图 3.9(a)和图 3.9(b)二值化，并采用迭代法分割阈值，所得结果如图 3.17 所示。

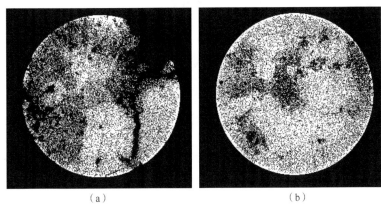

（a）　　　　　　　　　　　　　　（b）

图 3.17　迭代法分割阈值

利用迭代法得图 3.17(a)的阈值为 0.3509，图 3.17(b)的阈值为 0.3747，相比于其他两种方法，迭代法产生了较多的噪声，裂缝边缘离散以致信息缺失。

3.3.4　最大熵阈值分割

基于初始阈值 $t(0 \leqslant t < N-1)$ 将图像分为区域 A 和区域 B，则两个区域在不同阈值下的概率为

$$P_{\mathrm{A}}(t) = \sum_{i=0}^{t} p(i) = P(t) , \quad P_{\mathrm{B}}(t) = \sum_{i=t+1}^{N-1} p(i) = 1 - P(t) \tag{3.54}$$

式中，$p(i)$ 为灰度级为 i 的像素概率；$P(t)$ 为累积概率。

区域 A 和区域 B 对应的熵为

$$E_1(t) = -\sum_{i=0}^{t} \frac{p(i)}{P_{\mathrm{A}}(t)} \cdot \lg \frac{p(i)}{P_{\mathrm{A}}(t)} , \quad E_2(t) = -\sum_{i=t+1}^{N-1} \frac{p(i)}{P_{\mathrm{B}}(t)} \cdot \lg \frac{p(i)}{P_{\mathrm{B}}(t)} \tag{3.55}$$

当两个区域熵的和最大时，此时的阈值就是最佳阈值。

$$E(t) = E_1(t) + E_2(t) = -\left(\sum_{i=0}^{t} \frac{p(i)}{P_A(t)} \cdot \lg \frac{p(i)}{P_A(t)} + \sum_{i=t+1}^{N-1} \frac{p(i)}{P_B(t)} \cdot \lg \frac{p(i)}{P_B(t)} \right) \tag{3.56}$$

对图 3.9(a) 和图 3.9(b) 二值化，并采用最大熵法分割阈值，所得结果如图 3.18 所示。

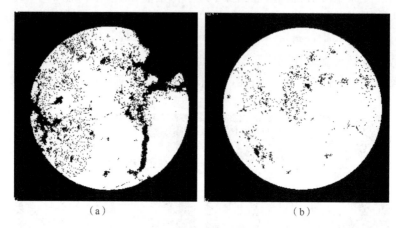

（a）　　　　　　　　　　　　　　　　（b）

图 3.18　最大熵法分割阈值

利用最大熵法求得图 3.18(a) 的阈值为 0.99，图 3.18(b) 的阈值为 0.66，可以看到最大熵法对噪声起到了很好的抑制作用，但由于阈值选得过大而导致图像信息发生了缺失。

3.4　岩心孔隙结构的分形

分形是具有自相似性和标度不变性特征的物体的总称，可以对几何体、自然现象、人类的社会行为等进行描述。因此，分形理论的应用前景非常大，可以引入各种传统的科学难题中，并给这些难题带来显著进展；也可以利用分形理论来研究大自然中一些复杂事物的客观规律及事物的内在联系。

法国数学家曼德布罗特于 1975 年首次提出了分形理论，认为分形体具有自相似性，可以用分形维数表示。Avnir 等[26]在对岩石孔隙结构的特征进行研究过程中首次提出并使用了分子吸附法。Krohn[27]研究孔隙大小为 0.2～50μm 范围内不同种类岩石的分形特征，其中使用了电镜扫描的方法。贺承祖和华明琪[28]在计算分形维数时使用了压汞法和 J 函数，比电镜扫描岩样的方法更加简单易用。贺伟等[29]分析了分形维数受到孔隙结构的哪些具体参数的影响，以及岩石的分形特征形成时酸化作用和水驱运动对其造成的影响。陈程和孙义梅[30]研究了分形维数对孔隙结构储集能力的表征，分形维数与 2 越接近，该砂岩的储集能力就越高。王自明等[31]利用分形理论对裂缝型碳酸盐岩进行分析，并加入渗透率，建立了渗透率模型，这是一种快速且贴近实际的方法。程海旭等[32]使用计盒法对储层岩石的裂缝裂纹进行分析，发现分形维数能够随着网格尺寸的变化表现出分段线性特征。鲍强和孙娟茹[33]对岩石孔隙的非均质性进行研究，使用了分形理论，认为孔隙结构的一些特征参数，如孔隙度、渗透率等对分形维数都有影响，非均质性随着分形维数的增大而增强。Hewett[34]使用分形插值的方法对井间非均质性特征进行分形描述。郑红军等[35]通过分析测井曲线和压汞曲线得到分形维数的宏观值和微观值，从而建立表征非均质性分形模型。李云省[36]在分形理论中加入了 PIA 技术，并在"计盒法"的基础上推导出了一种新的分形分析方法。李留仁[37]分析了孔隙结构的不同模型，推导出模型相对应的孔隙体积和分形维数的表达式。马立民[38]通过压汞资料和 MIFA 法对孔隙度和分形维数进行分析和计算。杨海[39]利用分形几何原理，结合压汞测试，建立了毛管压力曲线求取分形维数的方法。李菊花和郑斌[40]把最小二乘法与分形理论结合，计算了孔隙结构的分形维数和自相似区间。桑宇等[41]使用了扫描电镜法和压汞法，对不同岩样的分形维数进行了计算。

　　分形理论的原理可以概括为对精细分形体的各个尺度下的研究。分形体一般都具有标度不变性和自相似性的特征；随着尺度和层次的变化，分形特征在改变，分形维数也在连续变化；分形现象的表现形式多样且随机，因此应使用统计方法来分析分形理论。

　　分形理论的一个特征就是量度 $W(r)$ 与测量尺度 r 之间服从于标度关系：

$$W(r) \sim r^{D_f} \tag{3.57}$$

式中，D_f 为孔隙尺度分形维数；$W(r)$ 为某曲线的长度或者某物体的面积、体积。

　　分形体的个数 $N(r)$ 和测量的尺度 r 满足的关系为

$$N(r) \propto r^{D_f} \tag{3.58}$$

　　对于天然多孔介质的孔隙结构来说，都具有分形特性，并且还具有随机性、多样性及无序性等，对岩心图像中孔隙面积 a 做累积分布，则此分布满足上述的标度定律：

$$N(>a) \sim a^{-\frac{D_f}{2}} \tag{3.59}$$

式中，a 为岩心图像中不同区域孔隙面积大小。

　　此时引入孔隙面积最大值 a_{max}，可以得到：

$$N(\geqslant a) = \left(\frac{a_{max}}{a}\right)^{\frac{D_f}{2}} \tag{3.60}$$

式(3.60)表明在岩心图像中只有这一个最大的孔隙，而岩心图像中连通孔隙的分布规律服从于幂律关系。

由于 $a \propto \lambda^2$，其中 λ 是连通孔隙的直径，则

$$N(\lambda \geq \lambda_0) = \left(\frac{\lambda_{max}}{\lambda_0}\right)^{D_f} \tag{3.61}$$

式中，λ_0 为选定的某个直径阈值；λ_{max} 表示孔隙直径最大值。

式(3.61)表明当连通孔隙直径大于 λ_0 时，孔隙累计的数量服从于标度定律。

则岩石孔隙结构中孔隙总数可以表示为

$$N_t(\lambda \geq \lambda_{min}) = \left(\frac{\lambda_{max}}{\lambda_{min}}\right)^{D_f} \tag{3.62}$$

式中，λ_{min} 为孔隙直径最小值，并且在三维空间中 $0<D_f<3$，在二维平面中 $0<D_f<2$。

由上述式子可表示出孔隙大小分布的概率密度函数为

$$f(\lambda) = D_f \lambda_{min}^{D_f} \lambda^{-(D_f+1)} \tag{3.63}$$

再由归一化条件可以得到：

$$\left(\frac{\lambda_{min}}{\lambda_{max}}\right)^{D_f} \cong 0 \tag{3.64}$$

式(3.64)表明当 λ_{min} 远小于 λ_{max} 时，此多孔介质才能用分形特征来近似描述。在实际情况中，大多数孔隙结构中 λ_{min} 与 λ_{max} 的大小关系可以满足远小于的要求，因此可以用分形理论及相关的技术来研究多孔介质(孔隙结构)的性质。研究的条件除了需要满足最大孔隙直径与最小孔隙直径的大小关系外，被研究的孔隙结构的孔隙大小分布必须限制在某一个范围内并且始终保持标度不变性。因此，通常情况下假设统计的自相关区间的上下边界值分别为最大孔隙直径与最小孔隙直径，孔隙大小分布在自相关区间内满足了分形幂律关系。

能够分形的物体都具有两个重要的特性，那就是标度不变性和自相似性。由于岩石的非均质性较强，所以在研究介质孔隙结构的分形特征时，主要是在统计意义上的分形研究，能够比较精确地定量描述出分形特征，建立孔隙结构的分形维数的模型，从而定量地表征出孔隙结构的无标度性和自相似性。所以在研究岩心孔隙结构时，建立孔隙结构分形维数的模型是至关重要的。

3.4.1 孔隙结构的分形维数与自相似区间

在对孔隙结构的研究中可以知道，孔隙结构都具有分形特征，它的自相似区间为 λ_{min}–λ_{max}，λ_{min} 是孔隙结构自相似区间的上限，即孔隙尺寸的最小值，λ_{max} 是

孔隙结构自相似区间的下限，即孔隙尺寸的最大值。储层岩石孔隙度 ϕ 与孔隙尺寸分形维数 D_f、孔隙尺寸最小值 λ_{min} 和孔隙尺寸最大值 λ_{max} 的关系式为

$$\phi = \left(\frac{\lambda_{min}}{\lambda_{max}}\right)^{D_e - D_f} \tag{3.65}$$

式中，D_e 为欧氏维数，二维空间中 $D_e=2$，三维空间中 $D_e=3$。

从理论上来讲，储层的性质与岩石的性质和孔隙结构都有关系，如孔隙的分布、孔隙的形状、孔隙之间的连通程度和孔隙表面的粗糙程度等。通常情况下，孔隙结构分形维数的变化是与孔隙度和渗透率的变化呈负相关的，分形维数越小，孔隙结构的表面粗糙程度越小，孔隙分布得就越均匀，孔隙之间的连通程度越高，因此孔隙度和渗透率也随着变大，表明该储层的储集性能和流体渗流能力都越高。相反，随着分形维数越来越大，孔隙分布得越不均匀，孔隙之间的连通程度变低，孔隙度和渗透率也随之减小，非均质性增加，因此该储层的储集能力和流体渗流能力都会变差。另外，根据分形理论，岩石样品的微观孔隙结构的二维截面图的分形维数应该为 1～2，说明此岩石样品的孔隙结构截面图的复杂程度比一维复杂，比二维简单，并且越接近于 1 说明孔隙结构的规则程度越高，孔隙结构的表面越光滑，非均质性随之变强，因此储集能力和流体渗流能力就越强；反之，分形维数越接近于 2，则储集能力和流体渗流能力就越弱。

分形维数的影响因素有很多，如孔喉大小、孔喉分布和孔喉之间的连通程度等。一是孔喉大小所引起的排驱压力和中值压力与渗透率密切相关，能够严重影响到储层岩石的储集能力和流体渗流能力，排驱压力大，说明非润湿相的流体在进入岩石样品孔隙结构中的最大连通孔喉时需要的压力大，储层岩石的物理性质相对较差。孔隙结构分形维数与中值压力和排驱压力之间呈正相关，中值压力和排驱压力越大，那么孔隙结构分形维数就越大，储层岩石的物理性质就相对较差，储集能力和流体渗流能力越弱。二是孔喉分布能影响分形维数的大小。孔喉分布的两个重要影响参数是变异系数与均值系数，变异系数反映了孔隙和连通喉道分布的均匀程度，均值系数反映了孔喉半径与最大孔喉半径相比的偏离程度。变异系数越大，均值系数就越小，孔隙结构中表面越粗糙，孔隙大小分布越不均匀，非均质性越强。变异系数与分形维数呈负相关，且相关性比较差，而均值系数与分形维数呈正相关，且相关性比较良好。这是因为变异系数是在分析岩石样品孔隙结构的孔喉分布的过程中计算出来的，并不具有整体的代表性。三是孔喉之间的连通程度也能影响分形维数的大小。孔喉大小及分布和孔喉比都是反映储层岩石孔隙结构流体渗流能力的重要参数。孔喉比与分形维数呈正相关，随着分形维数的增大，孔喉比也在不断增大，孔隙结构的连通性就越差，即储层岩石的流体

渗流能力就越低。

本书中使用的分形维数为豪斯道夫维数，这个维数不仅包含了传统上对于测度的概念，还包含了欧几里得几何理论中延伸到了 n 维空间中的测度概念，能够更加合理准确地描述物体的空间复杂性。

3.4.2 孔隙迂曲度分形维数

迂曲度是反映孔隙结构中孔隙之间连通程度和喉道弯曲程度的参数，一般来说，迂曲度越大，孔隙与孔隙之间连通得就越复杂，喉道弯曲程度越大。储层岩石孔隙结构中孔隙连通的喉道，是一些截面各不相同的弯曲的毛细管状的通道，因此流体的流通路径是弯曲且截面积不同的。设岩样图像截取的尺寸是 L，则平均迂曲度可表示为

$$\overline{\tau} = \frac{D_f}{D_f + D_t - 1}\left(\frac{L}{\lambda_{\min}}\right)^{D_t - 1} \tag{3.66}$$

式中，D_t 为迂曲度分形维数。

同时，通过一系列的实验或几何模型分析也可以得到平均迂曲度的表达式，如基于三维立方颗粒模型得到的平均迂曲度的表达式为

$$\overline{\tau} = 1 - \frac{\phi}{2} + \frac{\sqrt{1-\phi}}{4} + \frac{\left(\phi + 1 + \sqrt{1-\phi}\right)\cdot\sqrt{9 - 5\phi - 8\sqrt{1-\phi}}}{8\phi} \tag{3.67}$$

其中迂曲度分形维数 D_t 代表了孔隙结构中毛细管通道的曲折程度，当迂曲度维数为 1 时，毛细管通道的曲折程度为 0，即通道为直的；当迂曲度维数为 1~2 时，毛细管通道有一定程度的曲折程度；随着迂曲度维数逐渐变大，毛细管的曲折程度会越来越大，直至迂曲度维数增大到 2，毛细管会无限弯曲到完全占据整个平面；但这只是一个极值，实际岩石的迂曲度维数不可能为 2，只能无限接近于 2。由于迂曲度维数的增加会使孔隙结构的连通孔喉通道更加弯曲，因此孔隙结构的迂曲度维数增大，岩石的渗透率就随之减小。

3.4.3 孔隙渗透率的分形理论

储层岩石的渗透率可以反映岩石流体渗流能力，与孔隙形状和大小、孔隙度、流体渗流方向等众多因素有关。储层岩石孔隙结构分为孔隙和喉道两部分，孔隙是截面积和空间较大的部分，而喉道是孔隙之间相连通的截面积比较小的通道。由于孔隙的截面积较大，所以流体在孔隙中受到的阻力很小，几乎可以忽略不计；但喉道的截面积比较小，流体在喉道中受到的阻力很大，不能忽略。所以可以把孔隙看作是多条喉道聚在一起的毛细管束，那么分形分布的规律就适用于孔隙的

直径 λ。根据 Hagen-Poiseulle 方程和基本分形理论可以得到渗透率的表达式为

$$K = \frac{\pi}{128} \frac{L^{1-D_t}}{A} \frac{D_f}{3+D_t-D_f} \lambda_{\max}^{3+D_t} \left[1 - \left(\frac{\lambda_{\min}}{\lambda_{\max}}\right)^{3+D_t-D_f}\right] \qquad (3.68)$$

由于岩石的孔隙结构满足 $\lambda_{\min} \ll \lambda_{\max}$，且 $3+D_t-D_f \geqslant 1$，因此，可将式(3.68)化简为

$$K = \frac{\pi}{128} \frac{L^{1-D_t}}{A} \frac{D_f}{3+D_t-D_f} \lambda_{\max}^{3+D_t} \qquad (3.69)$$

由于本书研究处理的岩心截面图像都是正方形的，所以 $A=L^2$，其中 L 是图像正方形的边长，因此式(3.69)可继续化简为

$$K = \frac{\pi}{128} \left(\frac{\lambda_{\max}}{L}\right)^{1+D_t} \frac{D_f}{3+D_t-D_f} \lambda_{\max}^2 \qquad (3.70)$$

式(3.70)表明岩石的渗透率的影响因素有孔隙尺寸分形维数 D_f、迂曲度分形维数 D_t、样品图像正方形边长 L 和孔隙尺寸最大值 $\lambda_{\max}$ 等，通过观察表达式可以看出孔隙尺寸最大值对渗透率的影响非常大。

3.4.4　豪斯道夫维数（D_f）和自相似区间

研究对象的特征和研究要达到的目的决定了描述对象所需的分形维数，描述过程中，从统计意义上来看，在某个尺度范围中能表现出分形的特征。要根据不同的研究对象，来决定使用什么样的方法来计算此对象的分形维数，其中分形维数有豪斯道夫维数、谱维数、容量维数、关联维数等多种定义方式。使用计盒法计算分形维数在各个研究领域普遍应用，数学实现上比较简单，在物理上解释的含义也很直观。计盒法使用的普遍过程：首先将岩心样品去油，烘干后做成薄片状，使用显微镜扫描成彩色的图片，再将彩色图片进行灰度处理，在灰度图像上任意选一点当作圆心，做一个半径为 r 的圆，该圆落在孔隙空间的总次数记为 $N(r)$，对二者做双对数图，若在双对数图中 $\ln N(r)$ 和 $\ln r$ 呈一次线性关系，那么这条直线的斜率就是岩心样品孔隙结构分布的分形维数。

所以在本书中对储层岩石微观孔隙结构的分形特征分析采用了计盒法，其基本思路是用尺寸从小到大不同的网格将图像分成很多份，统计出不同尺寸下包含孔隙的小网格的数量，分形的标度规律为

$$N(r) \propto r^{-D_f} \qquad (3.71)$$

由此可以得知网格数量与网格边长呈对数关系，将网格数量与边长同时对数化，

再取相反数，即可得到分形维数 D_f。由于此方法在统计过程中比较烦琐，而且受人为影响较大，结果精确度会受到影响，但是比较简便。首先读出之前二值化后的图像的行和列分别有多少像素，设置一个网格数的范围(如 1~100)，在网格数从 1 到 100 变化的各个取值中，求得网格的边长并向小取整，统计非零元素的数量，将网格数与网格的边长的关系在坐标系中画出，再结合分形的标度规律可以看到二者呈指数关系，然后将二者对数化，再在坐标系中画出，可以看到二者对数化后大致呈线性关系，对这些点进行拟合，并求出斜率，而斜率的相反数即为豪斯道夫维数。则将上述二值化图像进行计盒法程序运算，可以得到如图 3.19 所示的曲线。

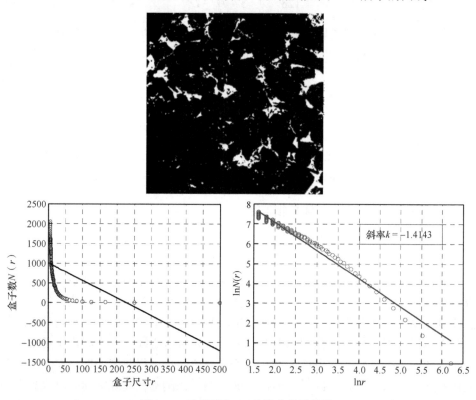

图 3.19　砂岩岩心 S1 的计盒分形维数

由图 3.19 中盒子数 $N(r)$ 与盒子尺寸 r 的关系曲线可以看出，二者呈指数关系，此岩样的自相似区间为 0.5642~44.6566，因此大多数的数据点都分布在自相似区间内；同时将盒子数 $N(r)$ 与盒子尺寸 r 两个变量对数化，即可得到 $\ln N(r)$ 和 $\ln r$ 之间的关系分布，数据点主要都分布在 $\ln r < 3.799$ 的区域中，则 $\ln r = 3.799$ 为曲线的拐点，而将这些数据点进行拟合，则得到斜率为 −1.4143 的直线，拟合度为 0.9707，拟合的效果不错。

一般而言，岩石孔隙结构的自相似区间的上限可以认为是 $\ln N(r)$ 和 $\ln r$ 之间关系曲线的拐点，有时下限的范围可以适当扩大，只有当盒子尺寸在自相似区间内时，才具有分形特征。采用计盒法，计算了这 11 种岩心样品的分形维数及其他的参数，结果如表 3.2 所示。

表 3.2　11 种岩心样品分形维数和自相似区间

序号	代码	图像尺寸（像素×像素）	二值化阈值	λ_{min}/μm	λ_{max}/μm	豪斯道夫维数 D_f	孔隙度 ϕ
1	S1	500×500	0.6627	0.5642	44.6566	1.4143	0.0773
2	S2	500×500	0.6275	0.5642	54.1299	1.4456	0.0797
3	S3	500×500	0.6275	0.5642	44.6566	1.4545	0.0921
4	S4	500×500	0.6196	0.5642	47.8598	1.4955	0.1064
5	S5	500×500	0.6078	0.5642	45.6227	1.5032	0.1128
6	S6	500×500	0.6078	0.5642	53.4404	1.5176	0.1113
7	S7	500×500	0.2784	0.5642	151.1344	1.9370	0.2968
8	C1	500×500	0.3725	0.5642	49.0326	1.6566	0.2158
9	C2	500×500	0.4353	0.5642	40.6138	1.7295	0.3145
10	C3	500×500	0.2667	0.5642	49.0326	1.7903	0.3920
11	C4	500×500	0.2941	0.5642	106.4047	1.8506	0.4572

从表 3.2 中可以观察到孔隙尺寸最小值都是 0.5642μm，这说明在这些岩心样品的截面图像中的最小孔隙都是 0.5642μm，那就是说最小孔隙为一个像素点，而一个像素点的尺寸就是 0.5642μm。砂岩岩心样品孔隙尺寸最大值的范围是从 44.6566μm（S1 和 S3）到 151.1344μm（S7），碳酸盐岩岩心样品孔隙尺寸最大值的范围是从 40.6138μm（C2）到 106.4047μm（C4），由此可以得到孔隙尺寸最大值的变化比较大，说明不同岩样的孔隙之间的连通程度不同。

由于分形维数的大小反映了储层岩石孔隙结构的复杂程度及储层岩石的非均质性，而所有的岩心样品的豪斯道夫维数都在 1.4143（S1）～1.9370（S7），说明在二维空间里这些岩心样品都具有分形特征，并且这些岩心图像的复杂程度比一维复杂，比二维图像简单；同时，分形维数的大小与孔隙的分布也有一定的关系，分形维数越大，储层岩石孔隙的非均质性就随之越强。砂岩岩心样品的孔隙度范围为 0.0773～0.2968，而碳酸盐岩岩心样品的孔隙度范围为 0.2158～0.4572。分析豪斯道夫维数与孔隙度之间变化关系可以得知，不管是对于砂岩还是碳酸盐岩，随着豪斯道夫维数的增大，孔隙度也变大，但是砂岩孔隙度的变化幅度要比碳酸盐岩小得多。

还可以看出，同一地层的岩石样品的分形维数更接近，不同地层的分形维数差异比较大，岩石样品 S1～S6 为同一砂岩地层，S7 为一个砂岩地层，C1～C4 为同一碳酸盐岩地层。岩石样品的分形维数越小，它的孔隙度和渗透率就越高，孔隙发育程度越高。

3.4.5　确定孔隙结构迂曲度分形维数

流体在多孔介质中流通的迂曲度可以用数值模拟方法或者实验方法来确定。在此次研究中确定岩石孔隙结构的迂曲度分形维数的方法为：根据程序实现的分形维数的计算中，得到了岩石样品孔隙结构的自适应区间的下限 λ_{min} 和上限 λ_{max}，以及豪斯道夫维数 D_f，由此根据式(3.65)可以得到岩石样品的孔隙度，再根据式(3.67)算出平均迂曲度，最后在式(3.66)和式(3.67)中代入所有已知量，便可以求得唯一的未知量 D_t，即迂曲度分形维数。

计算 11 种岩石岩心样品的平均迂曲度和迂曲度分形维数的结果如表 3.3 和表 3.4 所示。从表中平均迂曲度和迂曲度分形维数的数值可以看出，砂岩岩样的平均迂曲度从 1.8494(S7)变化到 4.3782(S1)，砂岩岩样的迂曲度分形维数从 1.0996(S7)变化到 1.2407(S1)；而碳酸盐岩岩样的平均迂曲度从 1.4988(C4)变化到 2.2265(C1)，碳酸盐岩岩样的迂曲度分形维数从 1.0647(C4)变化到 1.1290(C1)。平均迂曲度反映了流体在孔隙结构中流动通道的曲折程度，平均迂曲度越大，流体在孔隙结构中流动通道的曲折程度越大，相对应的迂曲度分形维数就越大。

表 3.3　7 种砂岩岩心样品的平均迂曲度与迂曲度分形维数

参数	砂岩岩心样品						
	S1	S2	S3	S4	S5	S6	S7
$\bar{\tau}$	4.3782	4.2803	3.8487	3.4763	3.3407	3.3701	1.8494
D_t	1.2407	1.2366	1.2193	1.2023	1.1958	1.1970	1.0996

表 3.4　4 种碳酸盐岩岩心样品的平均迂曲度与迂曲度分形维数

参数	碳酸盐岩岩心样品			
	C1	C2	C3	C4
$\bar{\tau}$	2.2265	1.8131	1.6191	1.4988
D_t	1.1290	1.0956	1.0772	1.0647

3.4.6　预测岩心样品的渗透率

描述储层岩石宏观渗流性质比较重要的参数是储层岩石的渗透率。现在可以通过数值模拟及各种实验方法来确定渗透率，但是这都是针对某些特定的岩心样品来使用的，由于不同类型和性质的岩心样品的微观孔隙结构有所差异，所以最终的结果可能在其他类型和性质的岩心样品上并不适用。

因此根据储层岩石的孔隙结构分形理论，通过已求出的豪斯道夫维数、孔隙尺寸最小值、孔隙尺寸最大值和迂曲度分形维数可以按照式(3.70)对这 11 种岩石样品的渗透率进行预测。则砂岩和碳酸盐岩的渗透率如表 3.5 和表 3.6 所示。

由于在求取豪斯道夫维数时，拟合相关度很高，所以得到的豪斯道夫维数的数值比较准确；但是孔隙尺寸最大值的求取是采用了计盒法，计盒法本身计算的过程比较烦琐，且容易受到人为影响，所以在求取砂岩和碳酸盐岩样品的孔隙尺寸最大值时可能存在较大的误差，导致最后预测的渗透率也存在较大的误差。

表 3.5　7 种砂岩样品的渗透率

参数	砂岩样品						
	S1	S2	S3	S4	S5	S6	S7
K/mD	0.1092	0.2580	0.1209	0.1769	0.1486	0.2919	40.7231

表 3.6　4 种碳酸盐岩样品的渗透率

参数	碳酸盐岩样品			
	C1	C2	C3	C4
K/mD	0.2818	0.1536	0.3713	9.5163

3.4.7　渗透率影响因素分析

根据式 (3.70) 可知，岩石样品的渗透率是由孔隙尺寸最大值、迂曲度分形维数、豪斯道夫维数和拐点来共同确定的。

孔隙度对渗透率的影响如图 3.20 所示，由图可知二者呈正相关关系。孔隙结构参数包括孔喉半径和孔喉参数，这是影响岩石物性的重要参数，对岩石渗透率造成了一定的影响。将处理得到的渗透率与孔隙度数据拟合，发现呈现一定的正相关关系。同时在图中可以看出，具有相同的孔隙度大小时，渗透率的差别可能很大，这是因为渗透率还受到孔隙结构的非均质性等其他因素的影响，如孔隙尺寸最大值也能对渗透率有一定的影响，孔隙尺寸最大值越大，流体渗流就越容易通过，因此渗透率与孔隙尺寸最大值呈正相关。

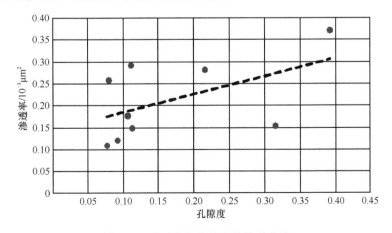

图 3.20　渗透率与孔隙度的关系曲线

分形维数对渗透率的影响如图 3.21 所示,由图可知二者呈正相关关系。根据对分形理论的分析,可以得知分形维数反映了岩石孔隙结构的复杂程度,包括储层岩石的非均质性、孔隙表面的粗糙程度、孔隙喉道的分布等。此处的分形维数为孔隙相分形维数,孔隙相分形维数越大,孔隙所占的空间就越大,那么渗透率就越大,因此渗透率和分形维数呈正相关。

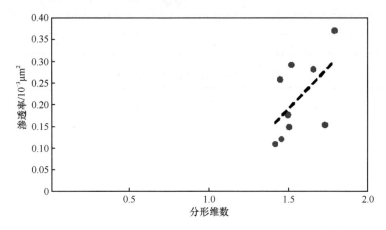

图 3.21　渗透率与分形维数的关系曲线

迁曲度分形维数对渗透率的影响,如图 3.22 所示,由图可知二者呈负相关关系。迁曲度分形维数代表了孔隙结构中毛细管通道的曲折程度,随着迁曲度分形维数逐渐变大,毛细管的曲折程度越来越大,使孔隙结构的连通孔喉通道更加弯曲,因此孔隙结构的迁曲度分形维数增大,岩石的渗透率就随之减小,二者呈负相关。

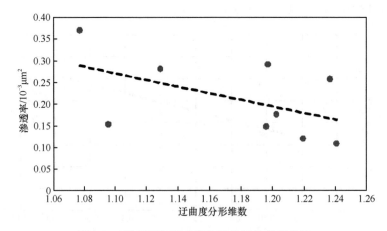

图 3.22　渗透率与迁曲度分形维数的关系曲线

参 考 文 献

[1] 许新征, 丁世飞, 史忠植, 等. 图像分割的新理论和新方法. 电子学报, 2010, 38(2A): 76-82

[2] 黄长专, 王彪, 杨忠. 图像分割方法研究. 计算机技术与发展, 2009, 19(6): 76-79, 83

[3] 赵钦佩, 姚莉秀, 程建, 等. 基于颜色信息与区域生长的图像分割新算法. 上海交通大学学报, 2007, 41(5): 802-806, 812

[4] 丛培盛, 孙建忠. 分水岭算法分割显微图像中重叠细胞. 中国图象图形学报, 2006, 11(12): 1781-1783, 1890

[5] 王爱民, 沈兰荪. 图像分割研究综述. 测控技术, 2000, 19(5): 1-6, 16

[6] 唐利明, 田学全, 黄大荣, 等. 结合 FCMS 与变分水平集的图像分割模型. 自动化学报, 2014, 40(6): 1233-1248

[7] Masooleh M G, Mossavi S A S. An improved fuzzy algorithm for using image segmentation. Processing of World Academy of Science Engineering and Technology, 2008, 28(4): 400-404

[8] 王彦春, 梁德群, 王演. 基于图像模糊熵邻域非一致性的过渡区提取与分割. 电子学报, 2008, 36(12): 2445-2449

[9] Serra J. Image Analysis and Mathematical Morphology. Cambridge: Academic Press, 1982

[10] Parvati K, Prakasa R B S, Mariya D M. Image segmentation using gray-scale morphology and marker-controlled watershed transformation. Discrete Dynamic in Nature and Society, 2008, 384346: 1-8

[11] Pavan M, Pelillo M. A new graph-theoretic approach to clustering and segmentation. Proceed IEEE Conference Computer Vision and Pattern Recognition, Madison, 2003

[12] Bilodeau G A, Shu Y Y, Cheriet F. Multistage graph-based segmentation of thoracoscopic images. Computerized Medical Imaging and Graphics, 2006, 30(8): 437-446

[13] Zhang J, Fan X, Dong J, et al. Image segmentation based on modified pulse-coupled neural network. Chinese Journal of Electronics, 2007, 16(1): 119-122

[14] Berg H, Olsson R, Lindblad T, et al. Automatic design of pulse coupled neurons for image segmentation. Neurocomputing, 2008, 71(6): 1980-1993

[15] Pal S K, Mitra P. Multispectral image segmentation using the rough-set-initialized EM algorithm. IEEE Transactions on Geoscience and Remote Sensing, 2002, 40(11): 2495-2501

[16] 曹寅, 朱樱, 黎琼. 扫描电镜与图像分析在储层研究中的联合应用. 石油实验地质, 2001, 23(2): 221-225

[17] Perring C S, Barnes S J, Verrall M, et al. Using automated digital image analysis to provide quantitative petrographic data on olivine-physics basalts. Computers & Geosciences, 2004, 30(2): 183-195

[18] 毛灵涛, 薛茹, 安里千. MATLAB 在微观结构 SEM 图像定量分析中的应用. 电子显微学报, 2004, 23(5): 579-583

[19] Liu C, Tang C S, Shi B, et al. Automatic quantification of rock patterns by image processing. Computers & Geosciences, 2013, 57: 77-80

[20] Castro D D, Rocha P L F. Quantitative parameters of pore types in carbonate rocks. Revista Brasileira de Geofísica, 2013, 31(1): 125-136

[21] Anselmetti F S, Luthi S, Eberli G P. Quantitative characterization of carbonate pore systems by digital image analysis. AAPG Bulletin, 1998, 82(10): 1815-1836

[22] Canny J. A computational approach to edge detection. IEEE Trans Pattern Analysis and Machine Intelligence, 1986, PAMI-8(6): 679-698

[23] Otsu N. A threshold selection method from gray-level histograms. IEEE Transactions On Systrems, Man, and Cybernetics, 1979, 9(1):62-66

[24] Russ J C. The Image Processing Handbook. Boca Raton: CRC Press, 1998

[25] 赵永刚, 陈景山, 赵明华, 等. 分析碳酸盐岩孔隙系统数字图像的新方法. 计算机应用研究, 2006, (10): 169-171

[26] Avnir D, Farin D, Pfeifer P. Chemistry in nointegral dimensions between two and three. The Journal of Chemical Physics, 1983, 79(7): 3369-3558

[27] Krohn C E. Fractal measurements of sandstones, shales, and carbonates. Journal of Geophysical Research, 1988, 93(B4): 3297-3305

[28] 贺承祖, 华明琪. 储层孔隙结构的分形几何描述. 石油与天然气地质, 1998, 19(1): 15-23

[29] 贺伟, 钟孚勋, 贺承祖, 等. 储层岩石孔隙的分形结构研究和应用. 天然气工业, 2000, 20(2): 67-70

[30] 陈程, 孙义梅. 砂岩孔隙结构分维及其应用. 沉积学报, 1996, 14(4): 90-93.

[31] 王自明, 宋文杰, 戴勇, 等. 利用分形模拟建立裂缝型碳酸盐岩储层渗透率变异函数. 天然气工业, 2007, 27(11): 73-75

[32] 程海旭, 吴开统, 庄灿涛. 岩石破裂系分形及分维数测定. 地球物理学进展, 1995, 10(1): 92-103

[33] 鲍强, 孙娟茹. 分形几何在储层围观非均质性研究中的应用. 石油地质与工程, 2009, 23(3): 122-124

[34] Hewett T A. Fractal distributions of reservoir heterogeneity and their influence on fluid transport. SPE15386, 1986

[35] 郑红军, 刘向君, 苟迎春. 用分维模型定量表征储集层非均质性. 新疆石油地质, 2005, 26(4): 418-420

[36] 李云省. 储层微观非均质性的分形特征研究. 天然气工业, 2002, 22(1): 37-40

[37] 李留仁. 多孔介质微观孔隙结构分形特征及分形系数的意义. 石油大学学报, 2004, 28(3): 105-107

[38] 马立民. 基于微观孔隙结构分形特征的定量储层分类与评价. 石油天然气学报, 2012, 34(5): 15-19

[39] 杨海. 分形几何在致密砂岩储层微观孔隙结构研究中的应用——以苏里格气田东南部上石盒子组盒 8 段为例. 石油地质与工程, 2015, 29(6): 103-107

[40] 李菊花, 郑斌. 微观孔隙分形表征新方法及其在页岩储层中的应用. 天然气工业, 2015, 35(5): 52-59

[41] 桑宇, 孙卫, 赵煜. 基于分形理论对马岭油田北三区延 10 储层微观孔隙结构特征研究. 石油化工应用, 2016, 35(9): 97-102

第4章 数字岩石物理计算方法

4.1 格子气自动机模拟的理论基础

通常，研究流体的流动可以分为两种方法：一种是宏观的方法；另一种是微观的方法。从宏观上，可以把流体看成是连续的介质，流体连续地充满整个分布区间，称为流场，从流场角度研究问题的方法就是非常著名的 Euler 法。从微观上，可以把流体看成是由许多小的粒子构成的，这些粒子遵守动力学规律。从微观粒子角度出发,研究流体粒子运动规律的方法就是著名的 Lagrange 和 Boltzmann 法[1-3]，它们主要利用统计物理学的理论，通过对大量流体粒子的微观运动规律的研究最终得出流体的宏观行为。

格子气自动机是从微观研究流体运动的一种方法。最早从微观角度研究流体运动的学者是 Boltzmann，但是他只是对流体本身进行离散，而空间和时间都是连续的。在 20 世纪 60 年代初期，Brodwell 等进一步发展了 Boltzmann 的理论，他们不仅对流体本身进行离散，同时对流体所分布的空间也进行了离散，只有时间是保持连续的。在 20 世纪 80 年代后期，Hardy 和 Frisch 等做了一个更大胆的尝试，他们不仅对空间和流体进行离散，而且对时间也进行了离散，并提出了一种新的算法——格子气自动机。格子气自动机是一种完全并行的算法，因此它大大提高了运算速度，为计算流体力学提出了一个全新的方向。

4.1.1 格子气自动机模型的建立

1. 时间、空间及流体的离散

自从 1973 年，Hardy 等[1]提出第一个格子气自动机以来，已经建立了许多种模型，但总的来说可分为两大类：HPP 模型和 FHP 模型。

HPP 模型为正方形网格，每个节点有 4 个邻居节点，如图 4.1 所示。

流体粒子只存在于网格节点上，并且只沿着格线的方向运动。这种模型简单，易于实现，但是存在缺陷，它的空间对称性不够，导致速度张量各向异性，无法从理论上导出 Navier-Stokes 方程，因此目前很少使用这种模型。现在使用最广泛的是 Frisch、Hasslacher 和 Pomeau 于 1986 年提出的对称度更高的 FHP 模型。这种模型对空间进行正三角形网格划分，每个节点有 6 个邻居节点，正好是一个正六边形的六个顶点，因此 FHP 模型也称为正六边形格子气自动机模型，网格空间一旦划分，节点位置将在整个计算过程保持固定，如图 4.2 所示。

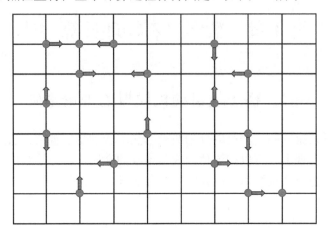

图 4.1　HPP 空间离散图

圆点代表流体粒子，箭头代表运动方向

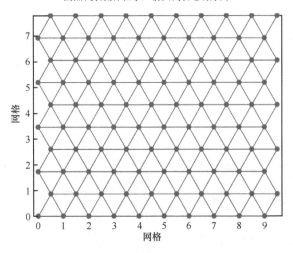

图 4.2　FHP 二维空间离散图

　　这种模型空间对称度高，速度张量各向同性，通过利用统计物理学的知识可以得到描述流体运动的宏观 Navier-Stokes 方程，并且这种模型也对碰撞规则进行了改进，因此有很高的实用价值。

　　格子气自动机模型除了对空间进行离散外，还要对流体和时间进行离散。把流体看成只有质量而没有体积的微小粒子，只能分布在节点上，沿着格线方向运动，同时粒子的分布要遵守 Pauli 不相容原理：在同一时刻，某一节点的某个运动方向上，要么没有粒子，要么有粒子且只能有一个粒子。时间的离散是一种抽象离散,把时间离散成整的时间步(t=1,2,3,…),每一个时间步分为两部分:粒子在每个节点上的相互碰撞和从该节点向邻居节点的运移。在一个时间步内,某一节点处的所有粒子发生碰撞,然后向邻居节点运移,在下一个时间步到达邻居节点又发生碰撞,然后再重新运移,这个过程不断地进行。所有粒子都是同步运动的,也就是说,同一个时间步内,流场的所有粒子都运移到自己的邻居节点,发生碰撞。

2. 边界条件

复杂的边界是流体模拟中要特别注意的问题之一。传统的数值方法求解复杂边界流体模拟问题时对边界的处理通常比较困难,如有限元、有限差分等,都是采用加密网格、以齿状曲线代替光滑边界线等方法。但格子气自动机方法对边界的处理相对而言就要简单得多,而且十分自然。一般说来对不同类型的边界采用不同的处理方法[3],主要有刚性固壁边界、自由滑移边界和周期性边界。

刚性固壁边界是最常见的,在黏性流体力学中,这种边界条件的数学描述:在边界上$(u_x, u_y)=(0,0)$,也就是切向速度(滑移)和法向速度(渗透)都为零。它又分为绝热边界和导热边界。对绝热的刚性固壁,与之相碰撞的粒子沿原路径返回也就是逆转其速度方向。具体来说就是在某一时刻以速度u到达边界上某点的粒子,在下一时刻以速度$-u$离开该点。平均来看,在这点的速度正好等于0,与数学描述相符。

这种处理方法反映的是黏性流体力学中无滑移和无渗透边界条件及电学特征中的绝缘边界,一般适用于任何模拟流体的等温流动模型。

例如,在运用多速模型模拟传热问题时,就要用到图 4.3 所示的温度边界处理方法。

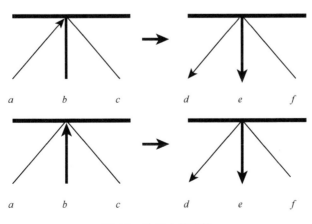

图 4.3 边界上的碰撞

图 4.3 中，用 a，b，c 表示某时刻可能的入射方向；d，e，f 表示下一时刻可能的出射方向。假设速度大小为 $|u_a|=|u_c|=|u_d|=|u_f|>|u_b|=|u_e|$，粒子在边界沿 a（或 c）方向与之碰撞，则以概率 p 和 $1-p$ 反射到 d（或 f）方向和 e 方向；粒子在 b 方向与边界发生碰撞，则以概率 q 和 $1-q$ 反射到 e 方向和 d（或 f）方向。对于无滑移条件，粒子向这两个方向反射的概率应当相等。如果 a（或 c）方向的入射粒子是在 e 方向上射出，则说明粒子在边界上有能量损失。反之，如果 b 方向上的入射粒子在 d（或 f）方向上射出，则表明粒子从边界上吸收了能量。边界的温度由两个参数 p 和 q 来控制。

自由滑移边界（图 4.4）在流体力学中常见于有开口的有限区域流场与无限的外部流场相交接的开口边界（如矩形空腔流）。从本质上讲，这不能称为边界，但由于数学上感兴趣的只是有限区域内部的流动情况，因此便把它抽象成一个边界。一般来说对定常问题，这类边界的数学提法是：$\boldsymbol{u}\cdot\boldsymbol{n}_s=c$（$c\neq0$，常数），$\boldsymbol{u}\cdot\boldsymbol{n}_v=0$。其中 $\boldsymbol{n}_s$ 和 $\boldsymbol{n}_v$ 分别表示边界的单位切向量和单位法向量。也就是说边界上的切向速度为常数，而法向速度为零[4]。

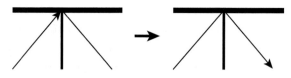

图 4.4　自由滑移边界

在格子气自动机模拟中，处理这类边界就是按照镜面反射的方式处理。即以速度 $\boldsymbol{u}=(u_s, u_v)$ 的粒子到达边界后，则以速度 $\boldsymbol{u}=(u_s, -u_v)$ 折回，平均起来便有 $\boldsymbol{u}\cdot\boldsymbol{n}_s=u_s$，$\boldsymbol{u}\cdot\boldsymbol{n}_v=0$，正好符合数学描述。

周期性边界是为了模拟无限大流场而人为提出的，并不是现实的物理边界。因为无论是传统的数值求解还是格子气自动机模拟，都只能考虑一个感兴趣的有限区域内的流动问题。所以就必须在适当的地方截取所要考虑的区域，这样就有一个上游边界和一个下游边界。或者问题本身就是有上下游边界的（如本书所模拟的孔隙介质的导电特性，施加电压的一端为上游），流体不断地从上游边界流入，同时不断地从下游流出。

在模拟过程中，不可避免地会有粒子飞出这两个边界，尤其是下游边界。但是，为了使模拟区域内粒子总数基本保持不变，就得对它们做相应的处理。对飞出上游的粒子，或强迫它原路返回，保持上游有一定的压力，或随机地撒进区域内。但对于流出下游的粒子就不能这样做了，一般采用周期性边界条件。设上游边界和下游边界在 t 时刻的粒子分布分别用 $n_u(t)$ 和 $n_d(t)$ 表示，周期性边界条件就是：$n_u(t+1)=n_d(t)$。这也就是说，流出下游的粒子，又让它从上游流进来。这样，不仅保持上游有一定的压力和区域内的粒子数不变，而且使流场仿佛是无限的。

3. 碰撞规则

格子气自动机是通过微观粒子的运动来模拟流体的宏观行为，因此为了研究流体的宏观行为，必须定义一些粒子的微观运动准则。在 FHP 模型中，每个节点与 6 条网格线连接，如图 4.5 所示。

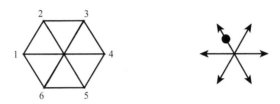

图 4.5　空间网格

如果定义粒子的有、无用"1"和"0"表示，那么节点和与之相关联的网格线上粒子的有、无情况叫作该节点的状态。对 FHP I 模型可用 6 位二进制数表示一个节点的状态。如 $S(x)=(0, 0, 0, 0, 0, 0)$ 表示 x 点是空的，即每条网格线上都无粒子。$S(x)=(1, 1, 1, 1, 1, 1)$ 表示 x 点是满的，即每条网格线上都有粒子。而 $S(x)=(0, 1, 0, 0, 0, 0)$ 表示 x 点只有一条网格线上有粒子。目前，根据节点上有无静止粒子，FHP 模型有以下几个变种，并分别对应不同的碰撞规则。

FHP I 模型：如图 4.6，每一节点最多只能有 6 个粒子，即可有向 6 个可能方向运动的粒子，但无静止粒子，主要包括 3 个对头碰撞和 2 个三体碰撞。

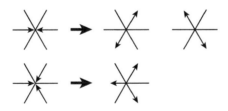

图 4.6　FHP I 碰撞规则

如果用布尔量表示为

$(1, 0, 0, 1, 0, 0) \rightarrow (0, 0, 1, 0, 0, 1)$ 或 $(0, 1, 0, 0, 1, 0)$

$(1, 0, 1, 0, 1, 0) \rightarrow (1, 0, 1, 0, 1, 0)$

考虑到各个可能的入射方向，通过方向旋转，一共有 3 种 2 体对头碰撞，2 个三体正碰撞。其余所有可能的入射状态采用所谓的穿透法则，不发生碰撞，即如果从 a 方向入射的粒子直接穿过，在下一个时间态，从 a 的对头方向射出。

FHP Ⅱ模型：如图 4.7，每个节点最多可有 7 个粒子，即在 FHP Ⅰ模型中允许加上至多一个静止粒子。其碰撞规则为在原有 FHP Ⅰ模型的规则上，加上带静止粒子的 17 种规则。

如果用布尔量表示为

$(1,0,0,1,0,0,0) \rightarrow (0,0,1,0,0,1,0)$ 或 $(0,1,0,0,1,0,0)$

$(1,0,1,0,1,0,0) \rightarrow (1,0,1,0,1,0,0)$

$(1,0,0,1,0,0,1) \rightarrow (0,0,1,0,0,1,1)$ 或 $(0,1,0,0,1,0,1)$

$(1,0,0,0,0,0,1) \rightarrow (0,0,1,0,1,0,0)$

$(0,1,0,0,0,1,0) \rightarrow (0,0,0,1,0,0,1)$

$(1,0,1,0,1,0,0) \rightarrow (1,0,1,0,1,0,0)$

考虑到各个可能的入射方向，通过方向旋转，一共有 3 个二体对头碰撞，2 个三体正碰撞，3 个带有静止粒子的三体对头碰撞，2 个带有静止粒子的四体碰撞，6 个二体运动粒子与静止粒子的碰撞，6 个二体运动粒子的 120° 碰撞。其余所有可能的入射状态采用所谓的穿透法则，不发生碰撞。

FHP Ⅲ模型：如图 4.8，除了引入静止粒子外，还引入更多的碰撞规则，减少了穿透粒子。在原有的 FHP Ⅱ模型碰撞规则的基础上，引入带有碰撞过程中不变的所谓"旁观"粒子及四体粒子碰撞。

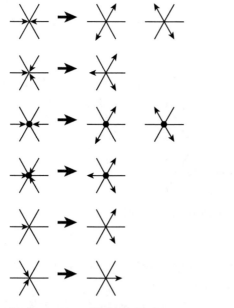

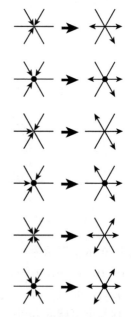

图 4.7　FHP Ⅱ模型碰撞规则　　　　　图 4.8　FHP Ⅲ模型碰撞规则

节点处的黑点代表静止粒子　　　　　　　节点处的黑点代表静止粒子

如果用布尔量表示为

$(0, 1, 1, 0, 0, 1, 0) \rightarrow (1, 0, 0, 1, 1, 0, 0)$

$(0, 1, 1, 0, 0, 1, 1) \rightarrow (1, 0, 0, 1, 1, 0, 1)$

$(1, 0, 1, 0, 0, 1, 0) \rightarrow (0, 1, 0, 1, 1, 0, 0)$

$(1, 0, 1, 0, 0, 1, 1) \rightarrow (0, 1, 0, 1, 1, 0, 1)$

$(0, 1, 1, 0, 1, 1, 0) \rightarrow (1, 0, 1, 1, 0, 1, 0)$

$(0, 1, 1, 0, 1, 1, 1) \rightarrow (1, 0, 1, 1, 0, 1, 1)$

同样考虑旋转和对称后，使碰撞规则更加完善。除此以外，对于其他可能的入射状态采用对偶法则。状态 $S(x)$ 的对偶状态 $\mathrm{D}S(x)$ 就是状态 $S(x)$ 中的粒子和空位 (1 和 0) 互换而得的状态。如 $S(x)=(1, 1, 1, 0, 1, 0, 0)$，则 $\mathrm{D}S(x)=(0, 0, 0, 1, 0, 1, 0)$。然后对 $\mathrm{D}S(x)$ 采用上面所述的碰撞规则，碰撞结果再运用对偶规则得到相应的碰撞结果。如果用 C 表示碰撞规则的话，则上述过程可以表示为 $C(S(x))=\mathrm{D}(C(\mathrm{D}S(x)))$。

4. 初始条件

格子气自动机方法主要是根据碰撞规则，对节点状态进行计算，因此必须对初始状态进行定义。即首先要给流场的各网格节点上放置一些粒子，这就是初始状态的设置。显然，初始状态的设置要根据所模拟的问题而定。

一般要模拟的问题多为定常流动问题，本次研究的电子流动基本上为定常流动问题。对于这类问题，初始状态设置的要求相对要宽一些。因为从原则上来说，只要运行的时间足够长，最终的稳定状态与初始状态无关。通常，使用下面两种方法：

第一种方法称为随机赋值法：要在某个节点上放置一个粒子，首先随机产生一个数 $r \in (0, 1)$，假设与该节点相连共有 B 个速度方向 (对 FHP Ⅰ 模型，$B=6$，对 FHP Ⅱ 及 FHP Ⅲ 模型，$B=7$)，令 $k=\mathrm{int}(rB)$ ($\mathrm{int}(\cdot)$ 表示取整)，则粒子放在第 k 个速度方向。

第二种方法：如果能够大概估计出稳定状态时的流向，则可以把初始状态设置的和这个估计的状态大体上一致。这种方法可以大大减少运行时间。每个节点所设置的粒子数应当根据所要模拟流体的黏度大小来定，流体黏度主要受碰撞规则和粒子密度大小的影响，关于这方面的研究将在 4.1.2 节进行详细讨论。

4.1.2 格子气自动机模型的理论分析

1. 预备知识

在 FHP 模型中，空间被离散成正三角形，而对每一个节点来说，其最相邻的 6 个节点构成正六边形，如图 4.9 所示。

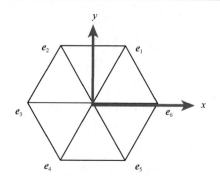

图 4.9　运动方向特征矢量图

因此，在每一个节点有 6 个方向矢量，可表示为

$$e_a = \left(\cos\frac{\pi a}{3}, \sin\frac{\pi a}{3} \right)，\text{其中，} a=1,\cdots, B\text{（对 FHP 模型，} B=6\text{）} \qquad (4.1)$$

其在坐标系内的分量可以表示为 e_{ai}（$i=1,\cdots, D$，D 为空间维数，对于二维空间 $D=2$，此时 $i=x, y$）。

如果定义空间网格离散的长度为 l（即两个相邻节点间的距离），离散的时间步长为 τ（粒子从一个节点运移到相邻节点所需要的时间），则粒子的运动速度为 $c=\dfrac{l}{\tau}$。设粒子的质量为 m，这样如果给定粒子所在位置、运动方向及分量方向，则可以得到粒子的动量为 mce_{ai}。由于粒子在节点上的分布遵循泡利不相容原理，所以在每一个节点上粒子的动量状态共有 2^B 种。如果流体所在空间共划分为具有 N 个网格节点、流体离散为具有 P 个粒子的系统，那么每个运动方向的平均粒子密度为 $d=\dfrac{P}{BN}$，所以平均粒子密度满足 $0 \le d \le 1$，对一个大的系统来说，d 可以看成是一个连续变量。

对某一节点某一运动方向在某一时刻的粒子分布状态，可以用 $n_a(x, t)$ 来表示，x 表示节点位置，t 表示时刻，a 表示运动方向（$a=1,\cdots, B$）。如果 a 方向有粒子则 $n_a(x, t)=1$，否则 $n_a(x, t)=0$。

格子气自动机的演化过程可以分为两步：碰撞过程与运移过程。

碰撞：

$$n_a'(x, t) = n_a(x, t) + \Omega_a(n_a(x, t))$$

式中，$n_a'(x, t)$ 为碰撞后该结点的粒子分布状态；Ω_a 为碰撞项。

运移：

$$n_a(x + le_a, t + \tau) = n_a'(x, t)$$

这两个过程表明在 t 时刻所有运移到 x 节点的粒子发生碰撞，按照一定的规则重新分布，在 $t+\tau$ 时刻运移到 $x+le_a$ 节点处。如果把 l、τ 和 m 都取成单位大小，则这两个过程可以写成如下形式。

碰撞：

$$n_a'(x,t) = n_a(x,t) + \Omega_a(n_a(x,t)) \tag{4.2}$$

运移：

$$n_a(x+e_a, t+1) = n_a'(x,t) \tag{4.3}$$

碰撞是在每个节点同时发生的一些概率型转变。转变规则为从某一入射状态 $S=\{S_a=0 \text{ 或 } 1, a=1,\cdots,B\}$，按照给定的概率 $\boldsymbol{A}(S\to S')$ 转变到一个出射状态 $S'=\{S_a', a=1,\cdots,B\}$。这些概率只与 S 和 S' 有关，而与节点位置无关，且满足归一化条件：

$$\sum_{S'} \boldsymbol{A}(S\to S') = 1, \quad \text{对 } \forall S \tag{4.4}$$

根据式(4.2)和式(4.3)，定义碰撞算子和迁移算子如下。

碰撞算子 ε：

$$n_a(x,t) \leftarrow n_a(x,t) + \Omega_a(n_a(x,t)) \tag{4.5}$$

迁移算子 ζ：

$$n_a(x,t) \rightarrow n_a(x+e_a, t+1) \tag{4.6}$$

这样，整个演化过程由两步组成，可以写成下面形式：

$$\gamma = \zeta \cdot \varepsilon \tag{4.7}$$

从而整个流场的更新演化过程可以表示成：

$$n_a(x+e_a, t+1) = \gamma \cdot n_a(x,t) \tag{4.8}$$

为了保证碰撞过程满足物理守恒条件，具体地说就是满足质量守恒和动量守恒，转变规则应当遵循以下守恒性条件。

1)碰撞不变性(守恒律)

$$\sum_a (S_a' - S)\boldsymbol{A}(S\to S')\eta_a = 0, \quad \forall S, \ S' \tag{4.9}$$

式中，$\eta_a(a=1,\cdots,B)$ 为常数和 e_{ai} 的线性组合，被称为碰撞不变量。

$$\eta_a = c + \lambda e_{ai}, \quad i=x, y \tag{4.10}$$

2)等距变换不变性

所谓向量的等距变换群(用 G 表示)就是向量的各个分量的排列和反号，以及关于超平面对称的变换。转换规则满足等距变换不变性：

$$A(g(S) \rightarrow g(S')) = A(S \rightarrow S') , \quad \forall g \in G , \quad \forall S , \quad S' \tag{4.11}$$

3）半精确平衡条件

$$\sum_S A(S \rightarrow S') = 1 , \quad \forall S' \tag{4.12}$$

半精确平衡条件指出，如果碰撞前所有状态出现的概率相同，即满足 Gibbs 的先验等概率假设，那么碰撞后的状态也具有相同的出现概率。

4）精确平衡条件

所谓精确平衡条件是指除了满足式（4.4）和式（4.12）的条件外，还满足

$$A(S \rightarrow S') = A(S' \rightarrow S) \tag{4.13}$$

此时，碰撞转换矩阵 A 为一个对称矩阵。

为了便于以后的分析，特做如下定义。

定义 1：定义 $\sum_a e_{ai_1} e_{ai_2} \cdots e_{ai_n}$ 为 n 阶速度矩。

定义 2：如果张量在 G 中任何等距变换下都保持不变，那么称这个张量为 G 不变张量。

通过以上定义，可以得到速度矩、向量及张量的相关性质如下。

性质 1：对任意偶 (e_a, e_b)，如果 G 中的任意等距变换变换 e_a 到 e_b，那么同时也变换 n 阶 a 相关张量集合 $\{T_a = t_{ai_1 \cdots i_n}, a = 1, \cdots, B\}$ 到 T_b。

性质 2：如果任何 a 相关向量 v_{ai} 具有 λe_{ai} 的形式，则此向量为 G 不变的。

性质 3：任何 a 相关张量 t_{aij} 的集合，如果是 G 不变的，那么必为 $\lambda e_{ai} e_{aj} + \mu \delta_{ij}$ 的形式。其中，δ_{ij} 为 Kronecker 符号。

性质 4：速度集在空间反转变换下不变。

性质 5：任何 G 不变的二阶张量 t_{ij}，必为 $\lambda \delta_{ij}$ 的形式。

性质 6：任何 G 不变的三阶张量是零张量。

性质 7：奇阶速度矩为 0，二阶速度矩为：$\sum_a e_{ai} e_{aj} = \dfrac{B}{D} \delta_{ij}$；四阶速度矩为：

$\sum_a e_{ai} e_{aj} e_{ak} e_{al} = \dfrac{B}{D(D+2)} (\delta_{ij}\delta_{kl} + \delta_{ik}\delta_{jl} + \delta_{il}\delta_{jk}) = \dfrac{B}{D(D+2)} \Delta_{ijkl}^4$。其中，$B$ 为速度方向矢量的个数，D 为空间维数。

2. 格子气自动机动力学

根据前面的描述，可以知道，如果定义 t 时刻在某一节点 x 的状态为 $S(x,t) = \{n_a(x,t), a=1, \cdots, B\}$，如果该方向没有粒子，则 $n_a(x,t)=0$，如果该方向有粒子，则 $n_a(x,t)=1$。定义 L 代表整个流场存在的离散网格空间，那么整个流场的状态

$S(\,\cdot\,,t)=\{S(x,t),x\in L\}$ 称为 t 时刻流场的一个配置。事实上流场的一个配置可以看成统计力学中的代表点，因此可以仿照统计力学中相空间的概念来定义格子气自动机系统的相空间。

格子气自动机系统的相空间 Γ 定义为流场所有可能的配置 $S(\,\cdot\,)$ 的集合。设相空间的每一个配置都有一个出现的概率 $p(S(\cdot),t)\geqslant0$，则有

$$\sum_{S(\cdot)\in\Gamma}p(S(\cdot),t)=1 \tag{4.14}$$

任取配置 $S(\,\cdot\,)$，$S'(\,\cdot\,)$，以及节点 $x\in L$，则有与该节点状态相对应的碰撞转变概率为

$$A(S(x)\rightarrow S'(x)) \tag{4.15}$$

假设各个节点间的碰撞转变过程是相互独立的，那么可以得到因碰撞引起的由配置 $S(\,\cdot\,)$ 向 $S'(\,\cdot\,)$ 的转变概率为

$$\prod_{x\in L}A(S(x)\rightarrow S'(x)) \tag{4.16}$$

由于 t 时刻 $S(\,\cdot\,)$ 出现的概率为 $p(S(\,\cdot\,)$，$t)$，所以真正由配置 $S(\,\cdot\,)$ 向 $S'(\,\cdot\,)$ 的转变概率为

$$\prod_{x\in L}A(S(x)\rightarrow S'(x))p(S(\cdot),t) \tag{4.17}$$

这样，在 $t+1$ 时刻配置 $S'(\,\cdot\,)$ 出现的概率为

$$\sum_{S(\cdot)\in\Gamma}\prod_{x\in L}A(S(x)\rightarrow S'(x))p(S(\cdot),t) \tag{4.18}$$

考虑到迁移过程，则式(4.18)可以写成：

$$p(\zeta S'(\cdot),t+1)=\sum_{S(\cdot)\in\Gamma}\prod_{x\in L}A(S(x)\rightarrow S'(x))p(S(\cdot),t) \tag{4.19}$$

式(4.19)是格子气自动机系统相空间中，各代表点演化所满足的概率守恒条件，参照统计力学的定义方法，称其为 Liouville 方程[3]。

在式(4.2)和式(4.3)中，用 $n_a(x,t)=0$ 表示该方向没有粒子，$n_a(x,t)=1$ 表示该方向有粒子。现在令 $f_a(x,t)$ 表示 x 节点 t 时刻 a 方向出现粒子的概率，称为单粒子分布密度。那么，由式(4.2)和式(4.3)可得到以下关系。

碰撞：

$$f_a'(x,t)=f_a(x,t)+\Omega_a(f_a(x,t)) \tag{4.20}$$

运移：

$$f_a(x + e_a, t + 1) = f_a'(x, t) \tag{4.21}$$

根据统计力学的理论，可知 $f_a(x, t)$ 为 $n_a(x, t)$ 的系综平均：

$$f_a(x, t) = \langle n_a(x, t) \rangle = \sum_{S(\cdot)} n_a(x, t) p(S(x), t) \tag{4.22}$$

联合式(4.20)和式(4.21)可得

$$f_a(x + e_a, t + 1) = f_a(x, t) + \Omega_a(f_a(x, t)) \tag{4.23}$$

因为碰撞过程要满足物理守恒条件，即满足质量与动量守恒，所以碰撞项 Ω_a 应遵守以下条件：

$$\sum_a \Omega_a(f_a(x, t)) = 0 \tag{4.24}$$

$$\sum_a e_a \Omega_a(f_a(x, t)) = 0 \tag{4.25}$$

3. 平衡解

由于碰撞的纯局部性(即各个节点的碰撞转化概率相互独立)特征预示着存在局部平衡解，也就是说存在局部的稳定状态，这个状态就是 Liouville 方程的稳定解。

由格子气自动机模型的良好对称性，根据相空间配置及各节点状态概率相互独立假设，可以得到：

$$p(S(\cdot)) = \prod_{x \in L} p(S(x)) \tag{4.26}$$

同样，某一节点各个方向出现粒子的概率也是相互独立的，这样该节点出现状态 $S(x)$ 的概率为

$$p(S(x)) = \prod_a f_a^{S_a}(1 - f_a)^{1 - S_a} \tag{4.27}$$

式中，S_a 为 a 方向的分布状态值。

为了书写方便，省略时间及节点坐标变量(以下同)。将式(4.26)和式(4.27)代入式(4.19)可得

$$\prod_a f_a^{S_a'}(1 - f_a)^{1 - S_a'} = \sum_S A(S \to S') \prod_a f_a^{S_a}(1 - f_a)^{1 - S_a}, \quad \forall S' \tag{4.28}$$

现在，主要任务是通过求解式(4.28)得到平衡态时单粒子分布密度函数 f 的表达式。解式(4.28)得

$$f_a = \frac{1}{1 + e^{-(C + \lambda e_a)}} \tag{4.29}$$

式中，C 为任意常数；λ 为任意一个 D 维向量。式(4.29)称为 Fermi-Dirac 分布。可见通常情况下，格子气自动机演化达到平衡态时，单粒子分布密度服从 Fermi-Dirac 分布规律。

为了建立微观单粒子分布密度与宏观变量之间的关系，定义宏观密度、动量、动量通量张量分别为

$$\rho = \sum_a f_a \tag{4.30}$$

$$\rho u = \sum_a e_a f_a \tag{4.31}$$

$$\Pi = \sum_a e_a e_a f_a \tag{4.32}$$

式中，f_a 为常规态(可以在平衡态，也可以在非平衡态)；Π 为动量通量张量；ρ 为流体的宏观密度；u 为流体的宏观流动速度；e_a 为格子气自动机模型 a 方向的格子矢量[见式(4.1)]。考虑一种特殊情况，即均匀分布情况，也就是每个方向具有相同的粒子密度。此时有 $f_a = d$。

$$\rho = Bd \tag{4.33}$$

$$\rho u = 0 \tag{4.34}$$

$$\Pi = \sum_a e_a e_a d = \frac{\rho}{D} \tag{4.35}$$

由式(4.29)～式(4.31)，考虑到 C 与 λ 的任意性，可以看出 C 与 λ 应是与 ρ、u 有关的常数和向量。

可以用 f_a^0 表示平衡态时的单粒子分布密度，对式(4.29)进行 Taylor 展开，并注意式(4.30)和式(4.31)，可得

$$f_a^0 = \frac{\rho}{B}\left(1 + De_{ai}u_i + g\frac{D(D+2)}{2}Q_{aij}u_iu_j\right) + O(u^3) \tag{4.36}$$

式中，$O(u^3)$ 为展开式中要忽略的高阶项。

$$g = \frac{D}{D+2}\frac{1-2d}{1-d} \tag{4.37}$$

$$Q_{aij} = e_{ai}e_{aj} - \frac{\delta_{ij}}{D} \tag{4.38}$$

式(4.37)被称为伽利略（Galilean）项。至此，平衡态单粒子分布函数的具体展开

形式已经确定。

4. 近平衡解

为了获得近平衡态单粒子分布函数的形式，对其进行 Chapman-Enskog 展开，得到[4]：

$$f_a = f_a^0 + \varepsilon f_a^1 + \varepsilon^2 f_a^2 + \cdots \tag{4.39}$$

式中，ε 为克努森数 Kn，为特征尺寸与平均自由程的比值，ε^{-1} 与离散网格规模相当；f_a^0 为平衡态的单粒子分布密度函数；f_a^1、f_a^2 为单粒子分布密度函数在平衡态附近的扰动。式(4.39)的物理意义就是：把单粒子分布密度函数在平衡态附近进行摄动展开。

考虑式(4.19)、式(4.22)、式(4.23)及式(4.29)，得

$$\Omega_a = f_a' - f_a = \sum_{S,S'} (n_a' - n_a)A(S \to S')\prod_b f_b^{n_b}(1-f_b)^{1-n_b} \tag{4.40}$$

由于 $f_b^{n_b}(1-f_b)^{1-n_b} = 1 - n_b - f_b + 2n_b f_b$，所以式(4.40)为

$$\Omega_a = \sum_{S,S'} (n_a' - n_a)A(S \to S')\prod_b (1 - n_b - f_b + 2n_b f_b) \tag{4.41}$$

根据式(4.39)，并令 $\boldsymbol{J}_{ab} = \dfrac{\partial \Omega_a}{\partial f_b}$，则 $\boldsymbol{J}_{ab}$ 为一个雅可比矩阵，因而通过对碰撞项在平衡点的展开，并取 ε 的一阶项，有

$$\Omega_a = \boldsymbol{J}_{ab}(f^0)\varepsilon f_b^1 + O(\varepsilon^2) \tag{4.42}$$

由式(4.23)，并只对分布函数速度场的空间变量进行展开，得

$$\Omega_a = e_{ai}\partial_i f_a^0 + O(\varepsilon^2) \tag{4.43}$$

利用式(4.42)和式(4.43)，并注意式(4.39)，得

$$f_a = [\delta_{ab} + \boldsymbol{J}_{ab}^{-1}(f^0)e_{bi}\partial_i]f_b^0 \tag{4.44}$$

将式(4.36)代入式(4.44)，得

$$f_a = \frac{\rho}{B}\left(1 + De_{ai}u_i + g\frac{D(D+2)}{2}Q_{aij}u_iu_j + D\boldsymbol{J}_{ab}^{-1}e_{bi}e_{bj}\partial_i u_j\right) + O(u^3) \tag{4.45}$$

式(4.45)是近平衡状态单粒子的分布函数，但式中包含非直观量 $\boldsymbol{J}_{ab}^{-1}$，为了简化方程并使 $D\boldsymbol{J}_{ab}^{-1}e_{bi}e_{bj}\partial_i u_j$ 与某一物理量直观地联系起来，要对 $\boldsymbol{J}_{ab}^{-1}$ 进行处理。通常粒子的碰撞影响流体的黏度，因此，很明显 $D\boldsymbol{J}_{ab}^{-1}e_{bi}e_{bj}\partial_i u_j$ 对宏观流体的黏度有

重要贡献，应当建立 $\boldsymbol{J}_{ab}^{-1}$ 与黏度之间的关系。

5. 宏观方程与黏度

雅可比矩阵 $\boldsymbol{J}$ 是对格子气自动机系统相空间中由碰撞引起的相态变化情况的描述，这种碰撞的影响可以用相应的物理量进行量化。这些物理量可以通过求 $\boldsymbol{J}$ 的特征值方式来获得。为了便于分析，引入 Dirac 定义的态矢标志，态矢就是标志系统处于某一种状态的特征矢量。为简化分析过程并不失一般性，主要对一个节点进行分析。设 $|\alpha\rangle$ 为 $\boldsymbol{J}$ 的一个态矢，相应的特征值为 κ_α。

$$\boldsymbol{J}|\alpha\rangle = \kappa_\alpha|\alpha\rangle \tag{4.46}$$

式中，特征向量是正交的。$\langle\alpha|\beta\rangle = \delta_{\alpha\beta}$，$(\alpha,\beta)=1,2,\cdots,B$；$|\alpha\rangle\langle\alpha|=\hat{1}$。对 FHP 模型引入方向矢量 $|a\rangle$，通常，$a=1,2,\cdots,B$。这样 $\boldsymbol{J}$ 的方向特征向量为 $\langle a|\alpha\rangle$。由于 FHP 模型空间网格划分的均匀性以及碰撞的等距性，$\boldsymbol{J}$ 是一个循环矩阵，即任取矩阵的一行（同样的结果也适用于列），该行的各个元素依次循环则可得到该矩阵的相应各行元素。这样该矩阵的每一个元素都可以用元素下标的差别来表示，如 $J_{ab}=J_{b-a}$，因此该雅可比矩阵的元素可以表示为[1, 2]

$$\langle a|\boldsymbol{J}|b\rangle = \langle\boldsymbol{J}|b-a\rangle \tag{4.47}$$

对于 FHP 模型而言，其方向特征向量满足：

$$\langle a|\alpha\rangle = \mathrm{e}^{2\pi i a\alpha/B} \tag{4.48}$$

式中，i 为虚数单位。

特征向量和特征值的特性可以简化特征系统的求解过程。由式(4.46)，可以计算特征值为

$$\kappa_\alpha = \langle\alpha|\boldsymbol{J}|\alpha\rangle = \sum_a J_a \mathrm{e}^{2\pi i a\alpha/B} \tag{4.49}$$

这里的特征值包含为 0 和不为 0 的两大类。其中，特征值为 0 的量对应于格子气自动机系统演化过程中守恒的量，即碰撞不变量，有多少守恒量通常就有多少个为 0 的特征值。通过下面的推导过程可以清楚地看到这样的规律。根据式(4.20)和式(4.42)，写成态矢形式：

$$|f'\rangle = |f\rangle + \boldsymbol{J}|f^1\rangle \tag{4.50}$$

由式(4.46)，写成：

$$\boldsymbol{J} = \sum_\alpha \kappa_\alpha|\alpha\rangle\langle\alpha| \tag{4.51}$$

所以有

$$|f'\rangle = |f\rangle + \sum_{\alpha} \kappa_{\alpha} |\alpha\rangle\langle\alpha|f^1\rangle \qquad (4.52)$$

从式(4.52)可以很清楚地看出，特征值为 0 的量对整个系统的动力学演化没有影响，而系统的守恒量也是这样。通常把特征值为 0 的特征向量组成的空间称为水动力空间，记为 H。其余的特征向量空间称为动力学空间，记为 K。在动力学空间，存在黏性子空间，记为 V，其相应的特征值为 κ_{η}。这样 $\boldsymbol{J}$ 在动力学空间可以写成特征向量的线性组合形式：

$$\boldsymbol{J} = \sum_{\alpha \in K} \kappa_{\alpha} |\alpha\rangle\langle\alpha| \qquad (4.53)$$

那么很容易可以得到 $\boldsymbol{J}$ 的逆矩阵形式为

$$\boldsymbol{J}^{-1} = \sum_{\alpha \in K} \frac{1}{\kappa_{\alpha}} |\alpha\rangle\langle\alpha| \qquad (4.54)$$

在动力学空间，式(4.54)可以写成黏性项和非黏性项的组合形式：

$$\boldsymbol{J}^{-1} = \sum_{\alpha \in V} \frac{1}{\kappa_{\eta}} |\alpha\rangle\langle\alpha| + \sum_{\alpha \in K, \alpha \notin V} \frac{1}{\kappa_{\alpha}} |\alpha\rangle\langle\alpha| \qquad (4.55)$$

根据式(4.41)，可以直接计算 $\boldsymbol{J}$ 的各元素为

$$J_{ab} = \sum_{S,S'} (n'_a - n_a) A(S \rightarrow S') \frac{2n_b - 1}{f_b^{n_b}(1-f_b)^{1-n_b}} \prod_c f_c^{n_c}(1-f_c)^{1-n_c} \qquad (4.56)$$

格子气自动机系统的演化是逐渐趋向一个稳定的平衡状态，这样不妨让 $f_c \rightarrow d$，考虑到 $\prod_a d^{n_a}(1-d)^{1-n_a} = d^N(1-d)^{B-N}$，其中，$N$ 为碰撞发生时参与碰撞的粒子数。又因为 $d^{1-n_b}(1-d)^{n_b} = (1-2d)n_b + d$，并且 n_b 是一个布尔量，所以有 $n_b^2 = n_b$，由于碰撞转换矩阵 $\boldsymbol{A}$ 是对称的，这样，式(4.56)可进一步进行简化：

$$J_{ab} = \sum_{S,S'} (n'_a - n_a) A(S \rightarrow S') d^{N-1}(1-d)^{B-N-1} n_b \qquad (4.57)$$

式(4.57)是一个非常重要的公式，它的意义在于能够在碰撞规则非常复杂的情况下，计算矩阵 $\boldsymbol{J}$ 的分量 J_{ab}。当矩阵 $\boldsymbol{J}$ 不是一个循环矩阵时，该公式一样适用，利用它也可以计算剪切黏度传输系数。

正如前面所指出的情况[式(4.55)]，$\boldsymbol{J}$ 的逆矩阵 $\boldsymbol{J}^1$ 只能定义在动力学空间 V，而不能定义在水动力学空间 H，因为在水动力学空间相应的特征值为 0，此时 $\boldsymbol{J}^1$ 是奇异的。此外，由于碰撞的等距性及流体动量扩散的各向同性，必然存在一个动力学

子空间，该子空间对剪切黏度有积极的贡献，这个空间就是前面定义的黏性子空间 V。同时，张量 $\left|e_ie_j\right\rangle$ 在动力学向量空间 K 的投影也包含在黏性动力学子空间 V 中。

一般来说，格子系统二阶张量 $\left|e_ie_j\right\rangle$ $(i,j=1,\cdots,D)$ 的特性就是它的投影在空间 $H+V$ 中，这样可以得到：

$$\left|e_ie_j\right\rangle = \sum_{\alpha\in H}\left|\alpha\right\rangle\left\langle\alpha\middle|e_ie_j\right\rangle + \sum_{\alpha\in V}\left|\alpha\right\rangle\left\langle\alpha\middle|e_ie_j\right\rangle \tag{4.58}$$

从左右两边直接对式(4.55)应用式(4.58)，可以确定 $\left\langle e_ie_j\middle|\boldsymbol{J}^{-1}\middle|e_ie_j\right\rangle$ 为

$$\left\langle e_ie_j\middle|\boldsymbol{J}^{-1}\middle|e_ie_j\right\rangle = \frac{1}{\kappa_\eta}\sum_{\alpha\in V}\left\langle e_ie_j\middle|\alpha\right\rangle\left\langle\alpha\middle|e_ie_j\right\rangle \tag{4.59}$$

式(4.59)的右边表达式可以进一步简化，然后进行整理，得

$$\left\langle e_ie_j\middle|\boldsymbol{J}^{-1}\middle|e_ie_j\right\rangle = \frac{B}{\kappa_\eta} \tag{4.60}$$

同理，也可以把矩阵 $\boldsymbol{J}$ 简单地分成黏性和非黏性两部分，从而得到：

$$\left\langle e_ke_l\middle|\boldsymbol{J}\middle|e_ke_l\right\rangle = \kappa_\eta B \tag{4.61}$$

根据式(4.60)和式(4.61)，得到

$$\boldsymbol{J}^{-1}\left|e_ie_j\right\rangle = \frac{B}{\left\langle e_ke_l\middle|\boldsymbol{J}\middle|e_ke_l\right\rangle}\left|e_ie_j\right\rangle \tag{4.62}$$

如果定义其特征值为 $-\vartheta$，则

$$\vartheta = \frac{-B}{\left\langle e_ke_l\middle|\boldsymbol{J}\middle|e_ke_l\right\rangle} = \frac{-B}{\displaystyle\sum_{a,b}J_{ab}(e_a\cdot e_b)^2} = -\frac{1}{B}\sum_{a,b}J_{ab}^{-1}(e_a\cdot e_b)^2 \tag{4.63}$$

这样，式(4.62)可以写为

$$\boldsymbol{J}^{-1}\left|e_ie_j\right\rangle = -\vartheta\left|e_ie_j\right\rangle \tag{4.64}$$

将式(4.64)代入式(4.45)，得

$$f_a = \frac{\rho}{B}\left(1 + De_{ai}u_i + g\frac{D(D+2)}{2}Q_{aij}u_iu_j - D\vartheta e_{bi}e_{bj}\partial_iu_j\right) + O(u^3) \tag{4.65}$$

这样，就解决了式(4.45)中非直观量的问题，并把该非直观量与特征值 $-\vartheta$ 联系起来，后面的分析将显示 ϑ 是流体黏度的重要组成部分。同时，也可以获得 κ_η 与 ϑ 之间的关系为

$$\vartheta = \frac{-B}{\kappa_\eta \sum_{\alpha \in V} \langle e_k e_l | \alpha \rangle \langle \alpha | e_k e_l \rangle} = \frac{-1}{B\kappa_\eta} \sum_{\alpha \in V} \langle e_k e_l | \alpha \rangle \langle \alpha | e_k e_l \rangle \tag{4.66}$$

利用式(4.66)来确定 ϑ 非常方便和直接，但是首先必须知道雅可比矩阵 J 的特征值 κ_η 及相应的在黏性空间的特征向量。当 J 是一个循环矩阵时这些量很容易确定，但是在很多复杂的情况下，如多速格子气自动机模型和带有静止粒子的格子气自动机模型，它们的碰撞项的雅可比矩阵 J 不是一个循环矩阵，并且有些系统的矩阵 J 很大，通常不易于直接求取特征值和特征向量。这样，就需要一个适用范围更广和更实用的方法来确定 ϑ。

将式(4.57)代入式(4.66)的右端，则得到：

$$\vartheta = \frac{-B}{\sum_{S,S'} A(S \rightarrow S') d^{N-1} (1-d)^{B-N-1} \sum_{a,b} (n_b' - n_b) n_b (e_a \cdot e_b)^2} \tag{4.67}$$

利用式(4.67)计算 ϑ，只需要给定碰撞规则。当 J 不是一个循环矩阵时，虽然无法直接求出特征值和相应的特征向量，但是利用式(4.67)依然可以求出 ϑ。所以，式(4.67)确定 ϑ 的方法非常重要，它的好处在于提供了一种广泛适用的方法来确定格子气自动机系统的黏度。

根据式(4.23)，可以进行 Taylor 展开，并取一阶近似，得

$$\partial_t f_a + \partial_i e_{ai} f_a = \Omega_a \tag{4.68}$$

则式(4.68)称为格子 Boltzmann 方程。把式(4.68)对所有方向求和，则可以得到：

$$\partial_t \sum_a f_a + \partial_i \sum_a e_{ai} f_a = \sum_a \Omega_a \tag{4.69}$$

考虑到式(4.30)、式(4.31)和式(4.24)，则有

$$\partial_t \rho + \partial_i \rho u_i = 0 \tag{4.70}$$

式(4.70)又可以写成：

$$\frac{\partial \rho}{\partial t} + \nabla \cdot \rho u = 0 \tag{4.71}$$

这就是宏观流体的连续性方程，反映了流体的质量守恒。同样，也可以得到式(4.68)的一阶动量矩：

$$\partial_t \sum_a e_{ai} f_a + \partial_j \sum_a e_{ai} e_{aj} f_a = \sum_a e_{ai} \Omega_a \tag{4.72}$$

考虑到式(4.31)、式(4.32)和式(4.25)，则可以得到：

$$\partial_t \rho u + \partial_j \boldsymbol{\Pi}_{ij} = 0 \qquad (4.73)$$

式(4.73)也可以写成:

$$\frac{\partial}{\partial t} \rho u + \nabla \cdot \boldsymbol{\Pi} = 0 \qquad (4.74)$$

式(4.74)就是描述宏观流体流动规律的 Euler 方程。由式(4.32)可知:

$$\boldsymbol{\Pi}_{ij} = \sum_a e_{ai} e_{aj} f_a \qquad (4.75)$$

将式(4.65)代入式(4.75),得

$$\boldsymbol{\Pi}_{ij} = \rho c_s^2 (1 - gu^2) \delta_{ij} + g \rho u_i u_j - \frac{\rho}{D+2} \left(\vartheta - \frac{1}{2} \right) \partial_j u_i \qquad (4.76)$$

其中,$c_s = \dfrac{1}{\sqrt{D}}$(类比于流体力学的理论,称为声速);$g = \dfrac{D}{D+2} \dfrac{1-2d}{1-d}$(称为伽利略项);$D$ 为流体所在空间的维数(对于二维空间的 FHP 模型,$D=2$)。

根据宏观流体力学的理论,如果考虑流体为不可压缩流体,则有速度的散度为 0,即 $\nabla \cdot u = 0$,写成张量表示形式为:$\partial_j u_j = 0$。对于 Euler 方程,其黏性流体的动量通量张量有标准的表达式,为

$$\boldsymbol{\Pi}_{ij} = P \delta_{ij} + \rho u_i u_j - \mu \partial_j u_i \qquad (4.77)$$

式中,P 为压力;ρ 为流体密度;μ 为流体剪切黏度;u 为流体的宏观流动速度。

通过比较式(4.76)和式(4.77)可知:

$$P = \rho c_s^2 (1 - gu^2) \qquad (4.78)$$

$$\mu = \frac{\rho}{D+2} \left(\vartheta - \frac{1}{2} \right) \qquad (4.79)$$

将式(4.76)代入式(4.73),得

$$\partial_t \rho u + g \rho \partial_j u_i u_j = -\partial_i P + \mu \partial^2 u_i \qquad (4.80)$$

式(4.80)就是由格子气自动机演化得到的,描述流体宏观流动规律的 Navier-Stokes(N-S)方程。

式(4.80)也可以写成:

$$\frac{\partial \rho u}{\partial t} + g \rho u \cdot \nabla u = -\nabla P + \mu \Delta u \qquad (4.81)$$

6. 碰撞规则与黏度

通过上面的理论分析及从微观粒子的简单运动到流体宏观行为规律的推导过程可以发现，影响宏观流体的传输特性(黏度)的主要因素为粒子的微观行为准则(即碰撞规则)和粒子的平均密度。根据式(4.57)、式(4.67)和式(4.79)，可以对具体的碰撞规则计算其相应的流体黏度大小，下面将以 FHP I 规则为例计算其黏度大小。

图 4.10 中，二体粒子碰撞发生后，将以相等的概率向两种状态转变(图 4.10 中第一行)。由式(4.1)可知：

$$e_a = \left(\cos\frac{\pi a}{3}, \sin\frac{\pi a}{3} \right) \tag{4.82}$$

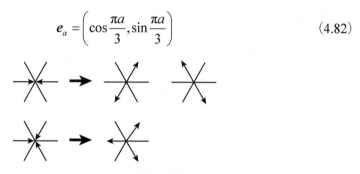

图 4.10　FHP I 碰撞规则图

考虑到 FHP 空间模型为正六边形网格(图 4.9)，这样可以写出式(4.82)的具体形式为

$$e_1 = \left(\frac{1}{2}, \frac{\sqrt{3}}{2} \right), \quad e_2 = \left(-\frac{1}{2}, \frac{\sqrt{3}}{2} \right), \quad e_3 = (-1, 0), \quad e_4 = \left(-\frac{1}{2}, -\frac{\sqrt{3}}{2} \right), \quad e_5 = \left(\frac{1}{2}, -\frac{\sqrt{3}}{2} \right),$$

$$e_6 = (1, 0)$$

根据式(4.48)可以写出碰撞项雅可比矩阵相应的特征向量为

$$|\alpha\rangle = [\varepsilon^\alpha, (-\varepsilon^*)^\alpha, (-1)^\alpha, (-\varepsilon)^\alpha, (\varepsilon^*)^\alpha, 1] \tag{4.83}$$

式(4.83)可以具体写为 $|1\rangle = [\varepsilon, -\varepsilon^*, -1, -\varepsilon, \varepsilon^*, 1]$，$|2\rangle = [-\varepsilon^*, -\varepsilon, 1, -\varepsilon^*, -\varepsilon, 1]$，$|3\rangle = [-1, 1, -1, 1, -1, 1]$，$|4\rangle = [-\varepsilon, -\varepsilon^*, 1, -\varepsilon, -\varepsilon^*, 1]$，$|5\rangle = [\varepsilon^*, -\varepsilon, -1, -\varepsilon^*, \varepsilon, 1]$，$|6\rangle = [1, 1, 1, 1, 1, 1]$。

其中，$\varepsilon = e^{\frac{\pi}{3}i}$，$\varepsilon^* = e^{-\frac{\pi}{3}i}$。为了便于以后计算特征值，可以定义一些新的态矢为

$$|1'\rangle = |6\rangle, \quad |2'\rangle = \frac{1}{i\sqrt{3}}(|1\rangle - |5\rangle), \quad |3'\rangle = |1\rangle + |5\rangle, \quad |4'\rangle = |2\rangle - |4\rangle,$$

$$|5'\rangle = \frac{1}{i\sqrt{3}}(|2\rangle + |4\rangle), \quad |6'\rangle = |3\rangle。$$

由图 4.10 可知，该碰撞规则主要包括两个粒子参加和三个粒子参加的碰撞。对于两个粒子参加的碰撞，每一种入射状态都有两种可能的出射状态，并且向这两种出射状态转变的概率相等。由于 FHP 模型空间的对称性，通过入射状态的旋转可以得到该规则所有可能的入射状态及其相应的出射状态，可以具体地写出所有可能的入射状态(记为 S)如下：

$$S = \{(1,0,0,1,0,0),(0,1,0,0,1,0),(0,0,1,0,0,1), \\ (1,0,1,0,1,0),(0,1,0,1,0,1)\} \tag{4.84}$$

则根据碰撞规则，可得到相应的出射状态，记为 S'：

$$S' = S + \Omega \\ = \left\{ \left(0,\frac{1}{2},\frac{1}{2},0,\frac{1}{2},\frac{1}{2}\right),\left(\frac{1}{2},0,\frac{1}{2},\frac{1}{2},0,\frac{1}{2}\right),\left(\frac{1}{2},\frac{1}{2},0,\frac{1}{2},\frac{1}{2},0\right) \right. \tag{4.85} \\ \left. (0,1,0,1,0,1),(1,0,1,0,1,0)\right\}$$

这样就可以利用式(4.57)计算碰撞项的雅可比矩阵 $\boldsymbol{J}$ 的元素，从雅可比矩阵中抽取任意一行构成一个态矢，由于 $\boldsymbol{J}$ 的循环特性，由这个态矢通过循环就可以得到整个矩阵 $\boldsymbol{J}$，通过计算得到 $\boldsymbol{J}$ 的一个态矢为

$$|\boldsymbol{J}\rangle = \left[-d(1-d)^2, \frac{1}{2}d(1+d)(1-d)^2, \right. \\ \frac{1}{2}d(1-3d)(1-d)^2, -d(1-2d)(1-d)^2, \tag{4.86} \\ \left. \frac{1}{2}d(1-3d)(1-d)^2, \frac{1}{2}d(1+d)(1-d)^2 \right]$$

根据式(4.49)可以计算出 $\boldsymbol{J}$ 的特征值为 $\langle \boldsymbol{J}|1'\rangle = 0$，$\langle \boldsymbol{J}|2'\rangle = 0$，$\langle \boldsymbol{J}|3'\rangle = 0$，$\langle \boldsymbol{J}|4'\rangle = -3d(1-d)^3$，$\langle \boldsymbol{J}|5'\rangle = -3d(1-d)^3$，$\langle \boldsymbol{J}|6'\rangle = 6d^2(1-d)^3$。其中，$\langle \boldsymbol{J}|1'\rangle$ 对应于格子气自动机系统的质量守恒；$\langle \boldsymbol{J}|2'\rangle$ 对应于 y 方向的动量分量守恒；$\langle \boldsymbol{J}|3'\rangle$ 对应于 x 方向的动量守恒。同样可以得到在黏性空间相应的特征值为 $\kappa_\eta = -3d(1-d)^3$。这样，可以利用式(4.66)立即计算出：

$$\vartheta = \frac{1}{3d(1-d)^3} \sum_{\alpha \in (4',5')} \langle e_x e_y | \alpha \rangle \langle \alpha | e_x e_y \rangle \\ = \frac{1}{4d(1-d)^3}$$

利用式(4.79)，就可以得到该碰撞规则所对应的流体剪切黏度为

$$\mu = \rho \left(\frac{1}{12d(1-d)^3} - \frac{1}{8} \right) \tag{4.87}$$

则，得到相应的运动黏度为

$$\nu = \frac{\mu}{\rho} = \frac{1}{12d(1-d)^3} - \frac{1}{8} \tag{4.88}$$

同理，可以得到其余两种碰撞规则 FHP Ⅱ 和 FHP Ⅲ 的运动黏度如下。

FHP Ⅱ：

$$\nu = \frac{1}{28d(1-d)^3\left(1-\frac{4}{7}d\right)} - \frac{1}{8} \tag{4.89}$$

FHP Ⅲ：

$$\nu = \frac{1}{28d(1-d)\left(1-\frac{8}{7}d(1-d)\right)} - \frac{1}{8} \tag{4.90}$$

从式 (4.88) ～式 (4.90) 可以看出，运动黏度主要受平均粒子密度 d 的影响，为了便于观察 d 的影响可以作运动黏度随 d 的变化图，如图 4.11 所示。

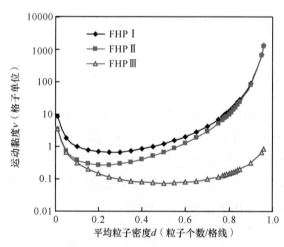

图 4.11　不同碰撞规则对应黏度随平均粒子密度 d 的变化图

4.2　格子 Boltzmann 方法的基本原理

1988 年，美国 Los Alamos 国家重点实验室的 McNamara 和 Zanetti[5]首次提出

了 LBM（Lattice Boltzmann Method）。LBM 在 LGA 理论的基础上发展而成，用大量遵守简单规则的粒子间的相互作用来描述复杂系统。LBM 的根本思想是建立离散模型来解决复杂的数学物理问题，物理系统的宏观特征由模型的演化方程来计算，进而推导出宏观的物理参数。

4.2.1　LBM 常用模型

LBM 由三个要素组成：格子 Boltzman 方程、局部均衡分布函数及格子模型[6-14]。格子 Boltzman 方程可表示为

$$f_i(x+e_i\Delta t, t+\Delta t) - f_i(x,t) = \Omega(f_i)\,, \quad i = 0,1,\cdots,N \tag{4.91}$$

式中，f_i 为以速度 e_i 迁移的粒子分布函数；e_i 为粒子分布迁移的离散速度值；Δt 为时间步长；$\Omega(f_i)$ 为碰撞项，是发生碰撞所产生的变化量。

碰撞项有两种模型，一个是单松弛(LBGK)模型，另一个是多松弛(MRT)模型。这两者最大的区别是单松弛模型只有一个松弛时间，而多松弛模型在碰撞过程中使用多个弛豫时间，也就是松弛时间矩阵。其中，由于 LBGK 模型计算比较简单，其应用比较广泛。

LBGK 碰撞项是对其在平衡态附近的线性化推导而来，忽略了高阶项，并且假设 $\Omega_i(f^{\text{eq}}) = 0$。基于以上假设和简化，LBGK 碰撞项可以写成：

$$\Omega_i = \frac{1}{\tau}(-f_i(x,t) + f_i^{\text{eq}}(x,t)) \tag{4.92}$$

式中，τ 为松弛时间；f^{eq} 为平衡分布函数，确定了格子 Boltzman 方程所解的流动方程的类型。下面将给出常见的格子类型的平衡分布函数。可以看出，LBGK 模型可看作弛豫演化过程，通过对微观粒子分布函数 f_i 及平衡分布函数 f_i^{eq} 进行弛豫加速，使整个粒子分布很快地到达符合客观规律的状态。

格子模型的选择要与模拟的目标空间维度相匹配，为了获得准确的流动方程，必须使用能充分反映对象几何体结构和特征的格子模型。目前已建立的 LBM 模型有 D_1Q_3、D_2Q_7、D_2Q_9、D_2Q_{13}、D_3Q_{15}、D_3Q_{19}、D_3Q_{27}（D 表示维数，Q 表示粒子运动方向的数量）。这些模型最常用的分为以下 4 种：①D_2Q_7，即二维六边形网格模型；②D_2Q_9，即二维正方形网格模型；③D_3Q_{15}，即三维正方体网格模型；④D_3Q_{19}，即三维正方体网格 19 点模型。在 D_nQ_b 模型中，平衡态分布函数表达式为

$$f_i^{\text{eq}}(x,t) = \omega_i \rho \left[1 + \frac{e_i \cdot \boldsymbol{u}}{c_s^2} + \frac{(e_i \cdot \boldsymbol{u})^2}{c_s^2} - \frac{u^2}{2c_s^2} \right] \tag{4.93}$$

式中，ω_i 为权系数；$c_s = \sqrt{RT}$，与声速有关。这两个参数是决定 LBGK 模型的重要参数，依赖所使用的格子类型。$c_i = ce_i$，为离散速度。

下面将给出常见的格子类型的平衡分布函数。

D_2Q_7 模型如图 4.12 所示，其平衡分布函数为

$$f_i^{\mathrm{eq}}(x,t) = \omega_i \rho [1 + 4(e_i \cdot u) + 8(e_i \cdot u)^2 - 2u^2] \tag{4.94}$$

式中，当 $i = 0$ 时，$\omega_i = \dfrac{1}{2}$；当 $i = 1$，2，3，4，5，6 时，$\omega_i = \dfrac{1}{12}$；$|e_i|$ 为格子尺寸 (Δx) 在格子时间步长 (Δt) 的格子速度。

流体的宏观变量密度 (ρ) 和速度 (u) 可以通过下式得到：

$$\rho(x,t) = \sum_{i=1} f_i(x,t) \tag{4.95}$$

$$u(x,t) = \frac{\displaystyle\sum_{i=1} f_i(x,t) e_i}{\rho(x,t)} \tag{4.96}$$

D_2Q_9 模型如图 4.13 所示，其平衡分布函数为

$$f_i^{\mathrm{eq}}(x,t) = \omega_i \rho \left[1 + 3(e_i \cdot u) + \frac{9}{2}(e_i \cdot u)^2 - \frac{3}{2}u^2 \right] \tag{4.97}$$

式中，当 $i = 0$ 时，$\omega_i = \dfrac{4}{9}$；当 $i = 1$，2，3，4 时，$\omega_i = \dfrac{1}{12}$，当 $i = 5$，6，7，8 时，$\omega_i = \dfrac{1}{36}$。

D_3Q_{15} 模型如图 4.14 所示，其平衡分布函数与 D_2Q_9 模型相同，但当 $i = 0$ 时，$\omega_i = \dfrac{2}{9}$；当 $i = 1$，2，3，4，5，6 时，$\omega_i = \dfrac{1}{9}$；当 $i = 7$，8，…，14 时，$\omega_i = \dfrac{1}{72}$。

D_3Q_{19} 模型如图 4.15 所示，相应的平衡分布与 D_2Q_9 模型相同，但当 $i = 0$ 时，$\omega_i = \dfrac{1}{3}$；当 $i = 1$，2，3，4，5，6 时，$\omega_i = \dfrac{1}{18}$；当 $i = 7$，8，…，18 时，$\omega_i = \dfrac{1}{36}$。

4.2.2 边界条件

流场内部的格点可以直接对分布函数求解，但流场边界处的格点则需要加入边界条件才能对函数求解。下面以格子 Boltzmann D_2Q_9 模型为例，介绍一些常用的边界格式。

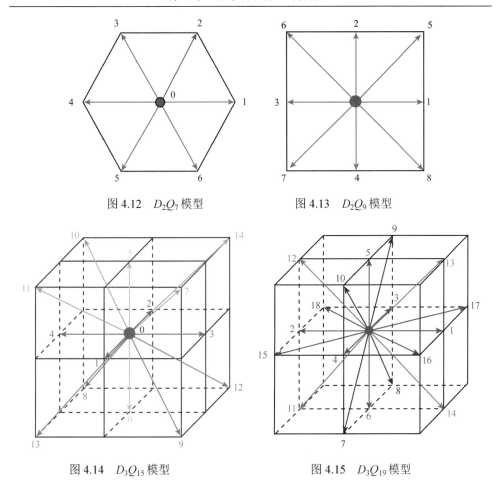

图 4.12　D_2Q_7 模型　　　　　　　图 4.13　D_2Q_9 模型

图 4.14　D_3Q_{15} 模型　　　　　　图 4.15　D_3Q_{19} 模型

1. 周期边界

周期性边界的物理假设如下。在流动的过程中，时刻为 t 时，一个边界处的粒子流出流场，时刻为 $t+\Delta t$ 时这个粒子从所对应的另一方向的边界进入流场，进入流场的粒子数与流出的粒子数相等。周期边界条件主要用于空间上周期变化的流场或在某一方向上无穷大的流场。例如，对长管道内的流动，离出口和入口较远的内部某一段中的流动就可以认为是周期性的。

下面给出上边界 (x,y) 处的运算公式为

$$\begin{pmatrix} f_2[0][x] \\ f_5[0][x] \\ f_6[0][x] \end{pmatrix} = \begin{pmatrix} 1 & 0 & 0 \\ 0 & 1 & 0 \\ 0 & 0 & 1 \end{pmatrix} \begin{pmatrix} f_2[y][x] \\ f_5[y][x] \\ f_6[y][x] \end{pmatrix} \tag{4.98}$$

2. 反弹边界

1)标准反弹格式

标准反弹边界格式（Standard Bounce Back，SBB）一般应用在静止无滑移壁面上。物理过程上，粒子与边界面碰撞，速度逆转。

下面给出上边界(x, y)处的运算公式为

$$\begin{pmatrix} f_4[y][x] \\ f_7[y][x] \\ f_8[y][x] \end{pmatrix} = \begin{pmatrix} 1 & 0 & 0 \\ 0 & 1 & 0 \\ 0 & 0 & 1 \end{pmatrix} \begin{pmatrix} f_2[y][x] \\ f_5[y][x] \\ f_6[y][x] \end{pmatrix} \tag{4.99}$$

切线方向和法线的动量变化可以表示为

$$(f_1 + f_5 + f_8) - (f_3 + f_6 + f_7) = f_1 - f_3 = 0 \tag{4.100}$$

$$(f_2 + f_5 + f_6) - (f_4 + f_7 + f_8) = 0 \tag{4.101}$$

2)Half-way 反弹格式

不同于标准反弹格式，执行 Half-way 反弹边界格式（Half-way Bounce Back，HBB）时，并非设置在边界点上，而是在最外面一层流体格点与边界格点的中间线处。在靠近边界的第一层格点上，仍采用 SBB。

下面给出上边界第一层流体在边壁(x, y)处的公式：

$$\begin{pmatrix} f_4[y][x] \\ f_7[y][x] \\ f_8[y][x] \end{pmatrix} = \begin{pmatrix} 1 & 0 & 0 \\ 0 & 1 & 0 \\ 0 & 0 & 1 \end{pmatrix} \begin{pmatrix} f_2[y-1][x] \\ f_5[y-1][x-1] \\ f_6[y-1][x+1] \end{pmatrix} \tag{4.102}$$

在这种反弹规律下，拐角处的分布函数需要单独考虑。以二维矩形流场的左上角为例，边壁(x, y)处的反弹过程可表示为

$$\begin{pmatrix} f_1[y][x] \\ f_4[y][x] \\ f_5[y][x] \\ f_7[y][x] \\ f_8[y][x] \end{pmatrix} = \begin{pmatrix} 1 & 0 & 0 & 0 & 0 \\ 0 & 1 & 0 & 0 & 0 \\ 0 & 0 & 1 & 0 & 0 \\ 0 & 0 & 0 & 1 & 0 \\ 0 & 0 & 0 & 0 & 1 \end{pmatrix} \begin{pmatrix} f_3[y][x+1] \\ f_2[y-1][x] \\ f_7[y+1][x+1] \\ f_5[y-1][x-1] \\ f_6[y-1][x+1] \end{pmatrix} \tag{4.103}$$

3. 压力边界

压力边界条件是指给定出口或入口处压力的边界条件，是很常见的，尤其在渗流模拟中应用比较广泛。针对一些比较简单的流动模型，压力梯度可以转化为外力项添加到 LBM 方程中，此时，出入口边界可按周期边界处理格式处理。但

在一般情况下，这种处理方法是不准确的，本书将采用以下处理方法。

假设左边界格点 y 方向上的密度 $\rho = \rho_y$，速度 $u_y = 0$。左边界格点发生迁移后 f_0、f_2、f_3、f_4、f_6、f_7 是已知的，右边界的 u_x、f_1、f_5、f_8 还是未知的。

根据 LBM 宏观速度和宏观密度表达式可以推导得到：

$$u_x = 1 - \frac{f_0 + f_2 + f_4 + 2(f_3 + f_6 + f_7)}{\rho_y} \tag{4.104}$$

假设入口法线方向分布函数的非平衡部分相等，即 $f_1 - f_1^{eq} = f_3 - f_3^{eq}$，进一步可以推导得到：

$$f_1 = f_3 + \frac{2}{3}\rho_y u \tag{4.105}$$

$$f_5 = f_7 - \frac{1}{2}(f_2 - f_4) + \frac{1}{6}\rho_y u_x + \frac{1}{2}\rho u_y \tag{4.106}$$

$$f_8 = f_6 + \frac{1}{2}(f_2 - f_4) + \frac{1}{6}\rho_y u_x - \frac{1}{2}\rho u_y \tag{4.107}$$

这样就可以得到边界处未知方向上的粒子分布函数 f_i。

4. 速度边界

速度边界是指给定了边界处的速度，但是边界处的密度值是未知的。假设左边界格点 y 方向速度 u_x、u_y 已知，并且纵向速度 u_y 的值为零。发生迁移之后 f_2、f_3、f_4、f_6、f_7 是已知的，左边界格点的 ρ、f_1、f_5、f_8 是未知的。

根据 LBM 宏观速度和宏观密度表达式可以推导得到：

$$\rho = \frac{1}{1 - u_x}\left(f_0 + f_2 + f_4 + 2(f_3 + f_6 + f_7)\right) \tag{4.108}$$

假设入口法线方向分布函数的非平衡部分相等，即 $f_1 - f_1^{eq} = f_3 - f_3^{eq}$，进一步可以推导得到：

$$f_1 = f_3 + \frac{2}{3}\rho u \tag{4.109}$$

$$f_8 = f_6 + \frac{1}{2}(f_2 - f_4) + \frac{1}{6}\rho u_x - \frac{1}{2}\rho u_y \tag{4.110}$$

4.2.3　LBM 的算法流程

LBM 的算法概括为如下方面。

(1)根据模拟的实际物理模型确定格子模型和 LBM 方程。

(2)对每个格点的粒子分布函数赋以初始值，并计算得到相应的宏观参数。

(3)依据以上确定的格子模型，LBM 方程和宏观物理参数，计算得到某一点某时刻的平衡分布函数。

(4)在格子空间的内部进行碰撞、迁移两个步骤。

(5)根据实际物理模型的特点，确定适宜的边界条件，计算得到边界处的粒子分布函数。

(6)根据每一个点的粒子分布函数计算得到宏观参数。

(7)重复以上(3)～(6)步骤，直到满足所需的计算需求，输出各节点的宏观物理量，程序结束。

图 4.16 给出了 LBM 的计算流程图。

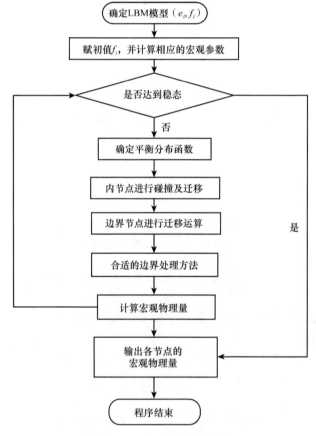

图 4.16 LBM 算法流程图

4.2.4 格子空间与物理空间的转换

在利用 LBM 进行流体渗流模拟时，格子 Boltzmann 模型的参数都是无量纲化的，需要注意的是这与实际物理模型中的参数是不同的。所以，应用 LBM 对实际物理模型进行数值模拟需要将实际物理模型参数与格子参数联系在一起。实际物理模型空间就可以转化成格子空间联系到一起。这样，LBM 模拟实际物理模型才有实际意义。

1. 相似准数

在用 LBM 模拟真实物理场中的问题时，为了将格子参数与物理参数联系起来，这里引入一个概念，相似准数 Re：

$$Re = \frac{uD}{v} \tag{4.111}$$

式中，D 为特征长度；u 为流速；v 为黏度；Re 称为雷诺数，它是表征黏度影响所带来的相似准数。这样黏度 v、特征长度 D 和流速 u 共同描述了一个物理流动过程。可以说明，当流体流动过程中，具有相同雷诺数时，流体流动是相似的。应用雷诺数的概念，就能够实现在每个空间之间进行变量转换。

2. 格子量与物理量的关系

建立格子单位的物理量和实际单位的物理量之间的转换方法，如表 4.1 所示。根据相似准数可以建立不同空间的关联，这在数值运算中有着重要意义。以下例子说明各种坐标系和各种空间之间如何进行变量转换。如果格子空间的相似准数 Re 等于物理空间的相似准数 Re，则可以根据相似准数，通过物理空间相似准数 Re_P 和格子空间的相似准数 Re_L 建立两个空间之间渗透率的关联：

$$Re_P = \frac{D_P |u|_P}{v_P} \tag{4.112}$$

$$Re_L = \frac{D_L |u|_L}{v_L} \tag{4.113}$$

式中，下标 L 和 P 分表代表格子（Lattice）空间和物理（Physics）空间的变量。

这两种不同空间的渗透率达西定律表达公式如下：

$$K_P = \frac{|u|_P \, v_P \Delta x_P}{\Delta P_P} \tag{4.114}$$

$$K_L = \frac{|u|_L \, v_L \Delta x_L}{\Delta P_L} \tag{4.115}$$

式中，ΔP 为压力差，由式(4.114)和式(4.115)可得到格子场(L)与物理场(P)渗透率关系如下：

$$K_{\mathrm{P}} = \left(\frac{\nu_{\mathrm{P}}}{\nu_{\mathrm{L}}}\right)^2 K_{\mathrm{L}} \tag{4.116}$$

式中，K_{P} 和 K_{L} 分别为真实物理空间和格子空间的渗透率；ν_{P} 和 ν_{L} 分别为物理空间和格子空间的动力学黏度。

表 4.1　格子单位与实际物理量和单位之间的转换关系

物理量	格子单位	物理量及单位	关联
长度	l	$L_0\,(\mathrm{m})$	$\lambda_l = \dfrac{L_0}{l}$
声速	c_{s}	$c\,(\mathrm{m/s})$	$\lambda_u = \dfrac{c}{c_{\mathrm{s}}}$
时间	$t = T_0\dfrac{lc}{c_{\mathrm{s}}L_0}$	$T_0\,(\mathrm{s})$	λ_{st}
速度	$u = u_0\dfrac{c_{\mathrm{s}}}{c}$	$u_0\,(\mathrm{m/s})$	$\lambda_u = \dfrac{c}{c_{\mathrm{s}}}$
体积力	$f = F_0\dfrac{L_0 c_{\mathrm{s}}^2}{c^2 l}$	$F_0\,(\mathrm{kg\cdot m/s^2})$	λ_{Fr}
表面张力	$\gamma = \gamma_0\dfrac{L c_{\mathrm{s}}}{c L_0}$	$\gamma_0\,[\mathrm{kg/(m\cdot s)}]$	λ_{Bo}
动力黏度	$\nu_{\mathrm{L}} = \nu_{\mathrm{P}}\dfrac{L^2}{L_0^2}$	$\nu_{\mathrm{P}}\,[\mathrm{kg/(m\cdot s)}]$	λ_{Ca}
密度	$\rho = \rho_0\dfrac{lc}{c_{\mathrm{s}}L_0}$	$\rho_0\,(\mathrm{kg/m^3})$	λ_{Eu}
压力	$P = P_0\dfrac{lc}{c_{\mathrm{s}}L_0}$	$P_0\,[\mathrm{kg/(m\cdot s^2)}]$	λ_{Eu}

4.3　粒子传输模拟方法

4.3.1　蒙特卡洛方法原理

在 20 世纪 40 年代，随着计算机的出现及科学技术水平的发展。美国的乌拉姆和诺依曼提出了基于概率论的使用大量随机数来对问题求解，并如今被金融、工程、计算物理等领域广泛用于数值计算的统计模拟方法——蒙特卡洛方法。蒙特卡洛方法的核心思想是当需要被求解的问题是计算某随机事件出现的概率或计算某随机变量的期望时，通过建立一个概率模型或随机事件过程，以概率模型或随机事件过程出现的频率来估计概率或得到随机变量的数字特征，并用这些估计得到的值作为问题的求解值[15-17]。大数定律为蒙特卡洛计算的结果提供了收敛的理论依据，而中心极限理论又证明了蒙特卡洛计算的结果是近似符合正态分布的[18, 19]。对于蒙特卡洛结果的收敛和正态分布的渐进属性而言，在实际计算过程中，需要抽样多次才能满足这两个重要的渐进属性，但如果计算的结果存在高阶矩，则可以在较少次数的抽样下使计算结果满足这两个渐进性质。蒙特卡洛方法求解数值解的过程可以简单为以下三步。

第一，构造或描述被求解问题的概率过程。针对求解问题是否具有随机性质，蒙特卡洛方法构造概率过程的方法是不同的。对具有随机性质的过程而言，如粒子的传输过程，蒙特卡洛主要是正确来描述整个概率过程，而对于不具有随机性质的确定性问题而言，蒙特卡洛方法要求必须人为构造整个概率过程，并在概率过程中通过求解其参数来求得概率问题的数值解。

第二，从构造的已知概率过程中进行抽样。在完成构造或描述求解问题的概率过程后，可以将概率过程模型看作概率的分布，并由此产生已知概率的随机变量。概率分布中最简单常用的概率分布是均匀分布，随机数具有这样的性质，同时随机数序列是具有这种分布的总体一个简单的子样，从这样性质的总体中抽样即是产生随机数的问题。产生随机数的方法有很多种，一种是在计算上可以简单地用物理方法产生，但成本高昂，不利于使用，另一种常用的方法是从数学递推公式中产生，基于数学递推公式产生的随机数被称为伪随机数，伪随机数与随机数有着相似的性质，常被用来作为随机数使用，而随机数是实现蒙特卡洛模拟的基本工具。

第三，建立估计量来求解数值问题解。在完成上述两步之后，通过建立随机变量来作为所求问题的解（即无偏估计），并从模拟实验中求得随机变量的解值。

蒙特卡洛方法通过构造符合一定规则的随机数来解决数学上的各种问题。对于那些由于计算过于复杂而难以得到解析解或者根本没有解析解的问题，蒙特卡洛方法是一种有效的求出数值解的方法。

4.3.2　基于蒙特卡洛方法的粒子传输模拟

粒子的传输模拟由于具有随机性质，因此可以用蒙特卡洛方法使用直接模拟法描述出真实的物理过程。同时，用直接模拟法描述粒子传输过程直接易懂，便于解释。利用蒙特卡洛方法模拟热中子与物质的相互作用过程卡特和凯希维尔在其书中进行过详细的阐述[15]。

粒子传输模拟的首要问题是描述出粒子的状态，根据传输模拟需求，简单地用粒子所处的空间位置 r、粒子具有的能量 E 和粒子的运动方向 θ 来对粒子的状态进行描述，也就是

$$S = (r, E, \theta) \tag{4.117}$$

假定粒子在发生相邻两次碰撞之间是做直线运动的，即粒子的能量和运动方向在相邻两次碰撞之间是不会发生改变的，则粒子在传输过程中的运动状态可以通过各个碰撞点之间的状态序列来表示，即

$$S_0, S_1, S_2, \cdots, S_{M-1}, S_M \tag{4.118}$$

上述序列可以用来描述粒子在空间的运输状态，其中 S_0 为粒子的初始状态，S_M 为粒子的最后状态，这样描述粒子的传输过程变成求解一个序列的过程。

粒子的传输模拟过程简要归纳如下。

第一，确定粒子的初始状态 S_0。粒子由粒子源产生，假设粒子源的空间位置、能量和运动方向的分布函数为

$$S(z_0, E_0, \cos \alpha_0) = S_1(z_0) S_2(E_0) S_3(\cos \alpha_0) \tag{4.119}$$

式中，z_0 为源的空间位置；E_0 为粒子的初始能量；α_0 为粒子的发射方向。

同时，将粒子源归一到单位化的粒子源强度，即对粒子源的分布函数求积分，有

$$\iiint S \mathrm{d}z_0 \mathrm{d}E_0 \cos \alpha_0 = 1 \tag{4.120}$$

这样，粒子源的分布变成了一个概率函数，而确定粒子的初始状态 S_0 就是从粒子源分布的这个概率函数中进行抽样来得到粒子初始状态：

$$S_0 = S(z_0, E_0, \cos \alpha_0) \tag{4.121}$$

第二，确定下一次碰撞位置。由于假定粒子在相邻两次碰撞之间的运动方向和能量不会发生变化，因此下一个序列碰撞点的位置可以由粒子当前碰撞点的位置及运动方向和运动距离求解得到。粒子的运动距离可以通过公式求解得到：

$$l_k = -\frac{1}{\sum_t(E)} \ln \xi \tag{4.122}$$

$$r_m = r_{m-1} + l_k \cos \theta_{m-1} \tag{4.123}$$

式中，$\sum_t$ 指总的宏观截面；下标 m 表示第 m 次碰撞，r_m 代表第 m 次碰撞的空间位置；l_k 代表两次碰撞之间粒子的飞行距离。

第三，确定粒子碰撞的原子核。一般而言，粒子传输的介质由多种原子组成，中子与介质发生碰撞，首先要确定中子与介质中的哪个原子核发生了碰撞，因为不同的原子碰撞类型是不同的，且碰撞之后，中子的运动方向和能量大小的改变也是不同的。假设介质由 x、y、z 三种原子组成，这三个原子核的核密度分别为 ρ_x、ρ_y、ρ_z，则可以求得粒子传输介质的总和为

$$\sum_t(E) = \sum_t^x(E) + \sum_t^y(E) + \sum_t^z(E) \tag{4.124}$$

中子与原子核碰撞的概率由原子的截面大小决定，截面越大的原子核，与中子发生碰撞的概率也就越大，有

$$p_i = \sum_t^i(E) / \sum_t(E) \tag{4.125}$$

对介质中所有的原子核而言，其概率之和为 1，通过使用离散变量抽样的方法即可确定中子与粒子传输介质中的哪一种原子核发生了碰撞。

第四，确定粒子的碰撞类型。粒子与原子核的碰撞类型有很多，包括非弹性散射、弹性散射及俘获等碰撞类型，而发生作用的概率与总截面成正比，同样可以使用离散变量抽样的方法来确定中子与原子核的碰撞类型，若通过离散变量抽样确定的碰撞类型为粒子，并被介质俘获，则此次粒子传输的追踪过程结束。

第五，确定发生弹射碰撞后粒子的能量大小和运动方向。对于那些发生碰撞后并未被介质俘获的粒子而言，需要进一步确定发生碰撞后的能量大小和传输方向。粒子发生弹性碰撞的散射角度在实验室由微分截面给出，通过抽样可以得到粒子发生碰撞前后的运动方向的夹角，再通过球面三角公式求出粒子动方向与 z 轴的夹角，即可求得粒子发生弹性碰撞的运动方向。而粒子发生弹性碰撞后的能量可以由公式求得：

$$E_m = \frac{E_{m-1}}{(A+1)^2}(\cos\theta_L + \sqrt{A^2 - 1 + \cos^2\theta_M})^2 \tag{4.126}$$

式中，A 为靶核的质量数。

经过以上五个步骤，可以由前一次的碰撞序列状态，求解出下一次的碰撞序列状态，因此若粒子的初始状态可以确定后，便可以求解出粒子的传输模拟过程。粒子传输模拟过程可以简单归纳为两个步骤，一是确定粒子的初始状态 S_0，二是由 S_{M-1} 确定 S_M。

4.3.3　中子与地层的作用

中子是组成原子核的粒子之一，最早由英国物理学家卢瑟福提出，并由查德威克在 1932 年通过 α 粒子轰击靶核的实验中发现[20]。中子常被看作是不带电的中性微粒，中子在射入物质后，并不会与核外电子发生库仑力的作用，而主要与原子核发生作用[21]。中子具有很强的穿透能力，能够穿透钢外壳、套管及水泥环后射入地层 10cm 以上并同地层发生各种核反应，中子测井也因此被广泛应用，中子与原子核的作用性质则主要由入射中子的能量决定，按中子的能量可以将中子划分为高能中子、快中子和热中子等[22]。

测井中常用的中子源为 14MeV 的加速器中子源，经加速器中子源发射的中子在射入地层时，首先与地层发生大量的非弹性散射，将入射中子与靶核看作一个系统时，中子与靶核发生作用后，中子损失的能量变成伽马射线，整体系统的动能会减少，中子同靶核发生非弹性散射的概率称为非弹性散射截面，非弹性散射截面会随入射中子能量的增大及靶核质量数的增加而增加[22]。快中子经过一到两次的非弹性散射碰撞后，开始与地层发生弹性散射过程，与非弹性散射类似，将入射中子与靶核看作一个系统时，入射中子在入射前后该系统的总动能并没有发生变化，中子损失的能量全部转换为靶核的动能。因此中子的弹性散射过程是一个纯粹的减速过程，直到中子减速成热中子后，才会与靶核有新的作用产生。

　　物质对中子的减速能力的高低可以用平均对数能量缩减来表示。平均对数能量缩减表示中子在与靶核发生碰撞前后其能量的自然对数之差的平均值，平均对数能量缩减可以通过以下公式计算：

$$\xi = 1 + \frac{(A-1)^2}{2A} \ln \frac{A-1}{A+1} \tag{4.127}$$

当 $A>10$ 时，式(4.127)可以简化为

$$\xi = \frac{2}{A + \frac{2}{3}} \tag{4.128}$$

　　通过平均对数能量缩减公式可以看出，自然对数之差的平均值与入射中子的能量大小并无关系，其取值的大小取决于靶核的质量数，且会随着靶核质量数的增加而减小，即靶核的质量数越小，其对中子的减速能力越强。按式(4.128)计算的岩石矿物中主要元素氢、碳、氧、镁、铝、硅和钙的值分别为 1、0.158、0.120、0.076、0.070、0.070 和 0.050。从计算结果可以看出，氢是岩石中对中子的主要减速物质。

　　快中子经过一系列的非弹性碰撞和弹性碰撞之后，能量逐渐减小。当快中子的能量与地层的原子处于一种热平衡状态时，中子不再与地层发生弹性碰撞减速，而是开始像气体分子一样，在地层中处于扩散的过程。中子从密度大的区域向密度小的区域扩散，一直到中子被地层的原子核俘获。入射的中子能量越小时，其与氢元素的核反应截面越大。在岩石地层中常见的元素与热中子的各类核反应截面，氢元素与其他元素相比，其核反应截面要高出至少一个数量级[23]，对于大量的能够储存油气的地层而言，其储层的岩石成分中基本上不含氢元素，而储层中的流体如石油、天然气和水等均富含大量氢元素。因此，利用中子照射地层时，地层中的氢元素是主要的与中子发生反应的元素。同时，地层中的氢元素含量越高，其对中子的减速能力也就越大。

　　上面所讨论的中子与地层的作用，主要是讨论中子的元素的反应截面等，而在实际的中子测井应用中，中子进入地层后，主要是与岩石中的物质发生作用，即将地层中的主要岩石矿物考虑进来，即中子的宏观核反应截面。中子与岩石矿物的宏观核反应截面可由以下公式计算得到：

$$\sum = \frac{\rho N_A}{A} \sum_{i=1}^{n} w_i \sigma_i \tag{4.129}$$

式中，ρ 为密度；N_A 为阿伏伽德罗常数；w_i 为第 i 种矿物在岩石中的含量；σ_i 为第 i 种矿物的反应截面。

在常见的储层中，地层矿物的主要岩石骨架成分为 SiO_2 和 $CaCO_3$，而储层流体主要有石油、天然气和水，天然气的主要成分为 CH_4，通过表达式计算出常温常压下 SiO_2、$CaCO_3$、H_2O 和 CH_4 四种岩石组分与中子的宏观反应截面分别为 $0.20cm^2$、$0.27cm^2$、$1.52cm^2$ 和 $0.0022cm^2$，从计算结果可以看出，H_2O 的宏观反应截面远大于岩石骨架主要成分的反应截面，而 CH_4 的宏观反应截面则远小于岩石骨架主要成分的反应截面。

参 考 文 献

[1] Hardy J, Pomeau Y, Pazzis O. Time evolution of a two-dimentional model system. Journal of Mathematical Physics, 1973, 14(12): 1746-1759

[2] Frisch U, Hasslacher B, Pomeau Y. Lattice-gas automation for the Navier-Stokes equation. Physical Review Letters, 1986, 56(14): 1505-1507

[3] Yepez J. Lattice Gas Dynamics, Volume 1: Viscous Fluids. Environmental Research Papers, 1995: 56-76

[4] 李元香, 康立山, 陈毓屏. 格子气自动机. 北京: 清华大学出版社, 1994

[5] McNamara G R, Zanetti G. Use of the Boltzmann equation to simulate lattice gas automata. Physical Review Letters, 1988, 61(20): 2332-2335

[6] Keehm Y. Computational rock physics: Transport properties in porous media and applications: Palo Alto: Stanford University, 2003

[7] Chen H, Chen S, Matthaeus W H. Recovery of the Navier-Stokes equation using a lattice-gas Boltzmann method. Physical Review A, 1992, 45(8): 5339-5342

[8] Shan X, Chen H. Lattice Boltzmann model for simulating flows with multiple phases and components. Physical Review E, 1993, 47(3): 1815-1819

[9] Chen S, Diemer K, Doolen G D et al. Lattice gas automata for flow through porous media. Physica D, 1991, 47(1-2): 72-84

[10] 郭照立, 郑楚光. 格子 Boltzmann 方法的原理及应用. 北京: 科学出版社, 2008

[11] Tang G H, Tao W Q, He Y L. Lattice Boltzmann method for simulating gas flow in microchannels. Modern Physics C, 2004, 15(2): 335-347

[12] Swift M, Osborn W, Yeomans J. Lattice Boltzmann simulations of nonideal fluids. Physical Review Letters, 1995, 75(10): 830-833

[13] Inamuro T, Yoshino M, Ogino F. A non-Slip boundary condition for lattice Boltzmann simulations. Physics of Fluids, 1995, 7(12): 2928-2930

[14] 朱益华, 陶果, 方伟. 基于格子 Boltzmann 方法的储层岩石油水两相分离数值模拟. 中国石油大学学报(自然科学版), 2010, 34(3): 48-52

[15] Carter L L, Cashwell E D. Particle Transport Simulation with the Monte Carlo Method. New Mexico: Los Alamos National Laboratory, 1975, (TID-26607): 147-152

[16] Lux I, Kobilinger L. Monte Carlo Particle Transport Methods: Neutron and Photon Calculations(6th edn.). Boca Raton: CRC Press, 1991

[17] Banhart J. Advanced Tomographic Methods in Materials Research and Engineering. Oxford: Oxford University Press, 2008

[18] 刘华军. 浅析大数定律的成立条件. 百色学院学报, 2008, 21(6): 58-60

[19] 杨佳元. 中心极限定理及其在统计学分析中的应用. 统计与信息论坛, 2000, 15(3): 10-15

[20] 曾铁. 中子的若干知识. 物理教师, 2008, 29(12): 37-39

[21] 叶春堂, 刘蕴韬. 中子散射技术及其应用. 物理, 2006, 35(11): 961-968

[22] 黄隆基. 核测井原理. 青岛: 中国石油大学出版社, 2000

[23] 蔡翔舟, 沈文庆. 核反应总截面和奇异结构研究. 物理学进展, 2001, 21(3): 278-300

第5章　数字岩石物理电传输特性研究

5.1　电的流动规律

根据格子气自动机方法模拟的微观运动机理，通过统计物理的方法可以得到描述流体宏观流动的 N-S 方程，即格子气自动机方法可以从微观上来模拟流体流动的规律。到目前为止，绝大多数格子气自动机方法的应用还限于模拟一般流体，只有 Küntz 等[1]应用格子气自动机方法来模拟多孔介质的电传输特性，但是在他的工作中仅考虑了骨架和一种饱和流体的孔隙介质，仅研究了地层因素和孔隙度的关系。本书应用格子气自动机方法来模拟饱和多相流体孔隙介质中电的流动规律，从而进一步研究孔隙介质在饱和多相流体情况下，地层因素和孔隙度、电阻率增大系数和含水饱和度之间的关系。必须首先确定能否应用格子气自动机方法来模拟电的流动，直接验证方法就是考查电的流动是否符合 N-S 方程所描述的流动规律。

考虑黏度恒定为 μ 的不可压缩流体，在无重力影响的情况下，N-S 方程可以写成：

$$\frac{\partial(\rho u)}{\partial t} + \rho(u \cdot \nabla)u = -\nabla P + \mu \nabla^2 u \tag{5.1}$$

式中，P 为压力；ρ 为流体密度；μ 为流体剪切黏度；u 为流体的宏观流动速度；t 为时间；∇ 为梯度算子；∇^2 为拉普拉斯算子。

根据 DF (Dupuit-Forchheimer) 关系式[2]：

$$V = \phi u \tag{5.2}$$

式中，V 为渗流速度；ϕ 为孔隙度。

将式 (5.2) 代入式 (5.1) 可以得到：

$$\frac{\rho}{\phi} \cdot \frac{\partial V}{\partial t} + \rho \phi^{-2}(V \cdot \nabla)V = -\nabla P - \mu \phi^{-1} \nabla^2 V \tag{5.3}$$

根据渗流力学的理论[2]，描述多孔介质中流体渗流的 N-S 方程不应当含有流速加速度项 $(V \cdot \nabla)V$，同时渗流流体与普通流体的黏性力有所不同，渗流中黏性力与渗透率成反比，与速度成正比，因此应该用 $\mu \dfrac{V}{K}$（K 为渗透率）代替式 (5.3)

中的 $\mu\phi^{-1}\nabla^2 V$ 项，则式(5.3)可写成

$$\frac{\rho}{\phi} \cdot \frac{\partial V}{\partial t} = -\nabla P - \mu \frac{V}{K} \tag{5.4}$$

当流动达到稳态时，式(5.4)变为

$$-\nabla P - \mu \frac{V}{K} = 0 \tag{5.5}$$

式(5.5)经整理，即可得到没有重力影响条件下的达西（Darcy）定律：

$$V = -\frac{K}{\mu}\nabla P \tag{5.6}$$

另外，根据电学的知识可知，普通的欧姆定律表达式为

$$U = IR \tag{5.7}$$

式中，U 为电压降；I 为电流强度；R 为介质的电阻。按照 Maxwell 方程，式(5.7)的更一般形式为

$$J = \sigma E \tag{5.8}$$

式中，J 为电流密度；E 为电场强度；σ 为介质的电导率。由于电导率和电阻率间存在倒数关系，设 ρ 为介质的电阻率，则有 $\sigma = 1/\rho$。

为了说明用格子气自动机方法来模拟电流动的原理，本节以图 5.1 所示模型为例，首先来考察电阻率的物理意义及微分形式的欧姆定律。如图 5.1 所示，设两个极板的面积为 s，其间充满稀薄的电离气体，气体粒子的电荷数为 q，在外加电场 E 的作用下，带电粒子以平均速度 V_d 移动。

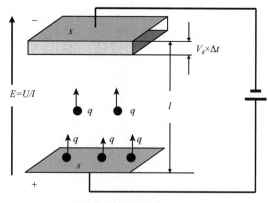

图 5.1　电荷运移图

Δt 为时长，l 为极间距

在外加电场中，未碰撞之前的粒子被加速，与其他粒子碰撞后静止，然后在

电场的作用下重新开始加速。粒子平均运移速度为

$$V_{\mathrm{d}} = \frac{F}{m}\tau \tag{5.9}$$

式中，F 为粒子所受的力；m 为粒子的质量；τ 为碰撞间的平均时间，是一个重要参数。

按定义，物质中特定介质粒子的迁移率为 $\varpi = \dfrac{\tau}{m}$，代入式(5.9)可得

$$V_{\mathrm{d}} = \varpi F \tag{5.10}$$

由电学原理可知：

$$F = qE \tag{5.11}$$

根据欧姆定律，电流定义为单位时间内，通过单位面积的电荷量，根据这个定义结合图 5.1 中的各项参数，可以得到电流的计算公式为

$$I = nV_{\mathrm{d}}sq \tag{5.12}$$

式中，n 为粒子密度(单位体积载荷子数)。因为每单位长度上的电压降表示电场强度，则有

$$V_{\mathrm{d}} = \varpi F = \varpi q \frac{U}{l} \tag{5.13}$$

由式(5.12)和式(5.13)，可得

$$I = nV_{\mathrm{d}}sq = \frac{n\varpi Us}{l}q^2 \tag{5.14}$$

比较式(5.7)和式(5.14)，得

$$R = \frac{1}{n\varpi q^2}\cdot\frac{l}{s} \tag{5.15}$$

这样得到电阻率（ρ）的微观粒子表示形式为

$$\rho = \frac{1}{n\varpi q^2} \tag{5.16}$$

如果假设电解质的粒子是半径为 r 的球体，则根据 Stokes 定律可以得到粒子运移速度与受力之间的关系为

$$F = 6\pi\mu rV_{\mathrm{d}} \tag{5.17}$$

式中，μ 为粒子在介质中运移的黏度。

由式(5.10)、式(5.16)和式(5.17)，可得

$$\rho = \frac{6\pi\mu r}{nq^2} \tag{5.18}$$

根据电导率和电阻率的关系，可以得到电导率的表达式为

$$\sigma = \frac{nq^2}{6\pi\mu r} \tag{5.19}$$

这样，欧姆定律的一般形式可表示为

$$J = \frac{nq^2}{6\pi\mu r} E \tag{5.20}$$

式中，$E = -\nabla\Phi$，其中 Φ 为电势。由此可以推导出电流密度和电导率的具体表达式为

$$J = -\frac{T}{\mu}\nabla\Phi \tag{5.21}$$

$$\sigma = \frac{T}{\mu} = \frac{1}{\rho} \tag{5.22}$$

式中，$T = \frac{nq^2}{6\pi r}$。

比较式(5.21)与式(5.6)可以发现，这两个式子的形式几乎是相同的，这说明在忽略重力影响下，电的流动与其他流体的流动有着相似的规律，由此可见电流也一样满足 N-S 方程。这样，我们有理由认为格子气自动机方法同样可以用来模拟电流的流动。因为 $\sigma = \frac{1}{\rho}$，所以通过比较式(5.21)与式(5.6)可以看出与格子气自动机流体黏度 μ 相对应的是电阻率 ρ。

5.1.1　孔隙介质模型

孔隙介质由两相组成：骨架和孔隙空间。对于饱和了油水两相流体的多孔介质，则由三相组成：骨架、水和油。由于完全饱和了油和水，所以孔隙空间完全被油水两相占据。因此，对于多孔介质，其导电特性取决于多相介质按一定方式混合的结果。

在格子气自动机中，每一相的电传输特性仅仅由该相所在空间粒子的碰撞规则决定，因此孔隙介质模型的不同组成部分，可以通过在不同的离散空间节点应用不同的碰撞规则来完成[1]。通常骨架点和油对应于高电阻率相，孔隙空间和水对应于低电阻率相。这种排列孔隙空间和骨架点构成介质模型的方法允许我们模拟任意孔隙大小的模型。代表骨架的节点在介质模型开始建立时就被选中，并且

在整个计算过程中，位置都将保持不变。

由于骨架、流体等的导电特性都被定义在节点上，因此孔隙度被定义为所有流体所占的节点数(N_f)与总节点数(N_t)的比值($\phi=N_f/N_t$)；含水饱和度定义为水所占的节点数(N_W)与总流体节点数(N_f)的比值($S_W=N_W/N_f$)；含油饱和度定义为油所占节点数(N_O)与总流体节点数(N_f)的比值($S_O=N_O/N_f$)，且满足 $S_W+S_O=1$。

为了检验孔隙空间结构对导电特性的影响，我们采用不同形状的骨架颗粒来构造孔隙介质模型，通常骨架的复杂程度同样能够反映孔隙空间的复杂程度，因为随机分布骨架所得的介质模型可以看成随机分布同样形状孔隙所得的模型，只不过是两者所占百分含量不同。

骨架形状主要包括任意点状随机分布骨架、三角形骨架，菱形骨架和视矩形骨架。

图 5.2 给出了这些骨架的例子。图中，1 号为菱形骨架，3 号为视矩形骨架，4 号为三角形骨架，2 号骨架为骨架簇。从图中可以看出，虽然 2 号骨架形式上可以分为两个图形，但是由于在格子气自动机中骨架特性仅仅加在节点上，所以在实际运算中 2 号骨架被连成一个骨架簇。点状骨架为骨架只占一个节点。

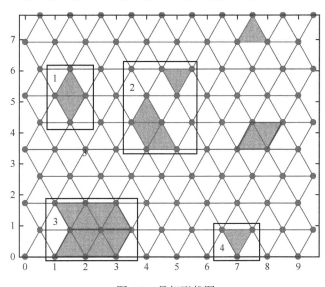

图 5.2　骨架形状图

骨架任意点状随机分布，就是随机选取节点作为骨架点。对于二维孔隙介质模型，首先建立一个 M 行 N 列的二维矩阵 $\boldsymbol{M}_a$ 代表相应的空间离散节点。然后产生一个随机序列 $R_i(i=1, 2, 3,\cdots, M\times N)$，如果给定孔隙度为 ϕ，则可以取随机序列的前 $\text{fix}(M\times N\times \phi)$（fix 代表取整）个随机数，按照式(5.23)、式(5.24)转化成矩阵 $\boldsymbol{M}_a$ 的坐标：

$$i = \text{fix}\left(\frac{R_i}{N}\right) - \delta\left(\text{mod}\left(\frac{R_i}{N}\right)\right) \tag{5.23}$$

$$j = \text{mod}\left(\frac{R_i}{N}\right) + \delta\left(\text{mod}\left(\frac{R_i}{N}\right)\right) \cdot N \tag{5.24}$$

式中，mod 函数表示求余；δ 为狄拉克函数，它满足

$$\delta(x) = \begin{cases} 1, & x = 0 \\ 0, & x \neq 0 \end{cases}$$

如果空间的离散节点代表骨架，则令与该点相对应的二维矩阵的元素为 1；如果空间的离散节点代表水，则令与该点相对应的二维矩阵的元素为 0；如果空间的离散节点代表油，则令与该点相对应的二维矩阵的元素为 2。根据这样的定义，结合式(5.23)和式(5.24)，可以得到：

$$\boldsymbol{M}_a(i, j) = \begin{cases} 0, & \text{该点为水相} \\ 1, & \text{该点为骨架} \\ 2, & \text{该点为油相} \end{cases} \tag{5.25}$$

三角形骨架点随机分布，就是随机选取一个节点然后按照一定规则选取相邻的两个节点构成三角形骨架。比如，如果选定 $\boldsymbol{M}_a(i, j)=1$，则有 $\boldsymbol{M}_a(i+1, j+1)=1$ 和 $\boldsymbol{M}_a(i, j+1)=1$。当然具体操作时还应当考虑到节点所在的位置。同样，首先产生随机序列并指定孔隙度大小，然后按照式(5.26)和式(5.27)确定骨架节点的坐标位置：

$$i = \text{fix}\left(\frac{R_i}{N}\right) - \delta\left(\text{mod}\left(\frac{R_i}{N}\right)\right), \qquad i=1, 2, \cdots, M \times N \times \phi / 3$$

$$i = 2i - 1 \tag{5.26}$$

$$j = \text{mod}\left(\frac{R_i}{N}\right) + \delta\left(\text{mod}\left(\frac{R_i}{N}\right)\right) \cdot N$$

$$j = 2j - 1 \tag{5.27}$$

$$\boldsymbol{M}_a(i, j) = 1, \begin{cases} \boldsymbol{M}_a(i+1, j) = \boldsymbol{M}_a(i, j+1) = 1, & \text{mod}\left(\frac{i}{2}\right) = 0 \\ \boldsymbol{M}_a(i+1, j+1) = \boldsymbol{M}_a(i, j+1) = 1, & \text{mod}\left(\frac{i}{2}\right) \neq 0 \end{cases} \tag{5.28}$$

菱形骨架点随机分布类似于三角形骨架点随机分布，只不过选取的是相邻的四个节点构成菱形骨架。对于产生的随机序列，按照式(5.29)和式(5.30)转化为相

应的矩阵坐标：

$$i = \text{fix}\left(\frac{R_i}{N}\right) - \delta\left(\text{mod}\left(\frac{R_i}{N}\right)\right) + 2\left(\text{fix}\left(\frac{R_i}{N}\right) - \delta\left(\text{mod}\left(\frac{R_i}{N}\right)\right) - 1\right) \quad (5.29)$$

$$\begin{aligned} j &= \text{mod}\left(\frac{R_i}{N}\right) + \delta\left(\text{mod}\left(\frac{R_i}{N}\right)\right) \cdot N \\ &\quad + 2\left[\text{mod}\left(\frac{R_i}{N}\right) + \delta\left(\text{mod}\left(\frac{R_i}{N}\right)\right) \cdot N - 1\right] \end{aligned} \quad (5.30)$$

$$\boldsymbol{M}_a(i, j) = 1, \begin{cases} \boldsymbol{M}_a(i+1, j-1) = \boldsymbol{M}_a(i+1, j) = \boldsymbol{M}_a(i+2, j) = 1, \\ \qquad\qquad \text{mod}\left(\frac{i}{2}\right) = 0 \\ \boldsymbol{M}_a(i+1, j) = \boldsymbol{M}_a(i+1, j+1) = \boldsymbol{M}_a(i+2, j) = 1, \\ \qquad\qquad \text{mod}\left(\frac{i}{2}\right) \neq 0 \end{cases} \quad (5.31)$$

矩形骨架点规则分布就是选取相邻的数个节点构成矩形骨架。通常，可以采用两种方法来建立：规则法和随机法。规则法就是按照一定的规律排列骨架，由于矩形骨架具有方向性，因此有规律地排列矩形骨架将会使介质模型具有各向异性。以这种方式产生的孔隙介质模型适用于模拟各向异性的介质。随机法类似于前面的方法，首先产生随机序列，然后指定骨架的长度(l)与宽度(w)，按照式(5.32)和式(5.33)确定坐标：

$$i = w\left[\text{fix}\left(\frac{R_i}{N}\right) - \delta\left(\text{mod}\left(\frac{R_i}{N}\right)\right)\right] - w + 1 \quad (5.32)$$

$$j = l\left[\text{mod}\left(\frac{R_i}{N}\right) + \delta\left(\text{mod}\left(\frac{R_i}{N}\right)\right) \cdot N\right] - l + 1 , \ i, j = 1, 2, \cdots, M \times N \times \phi / (l \times w) \quad (5.33)$$

确定 i, j 后，则可以确定一个骨架为

$$\begin{bmatrix} \boldsymbol{M}_a(i, j) & \boldsymbol{M}_a(i, j+1) & \cdots & \boldsymbol{M}_a(i, j+l-1) \\ \boldsymbol{M}_a(i+1, j) & \boldsymbol{M}_a(i+1, j+1) & \cdots & \vdots \\ \vdots & \vdots & \ddots & \vdots \\ \boldsymbol{M}_a(i+w-1, j) & \cdots & \cdots & \boldsymbol{M}_a(i+w-1, j+l-1) \end{bmatrix} = [1]_{w \times l}$$

式中，$[1]_{w \times l}$ 为 w 行 l 列元素全为 1 的矩阵。

可以根据需要，分别按照不同的孔隙度和饱和度，按照不同的孔隙结构和饱和流体的分布情况建立饱和流体孔隙介质模型。饱和流体，即油和水的分布形状、分布方法均与骨架的分布方法一致。但是，应当首先确定骨架的分布，然后再确

定饱和流体的分布。

图 5.3(a)为多孔介质模型实体，上下两个较粗的黑体表示绝缘隔离层，左侧浅色条带体表示施加正电压；图 5.3(b)为图 5.3(a)中方框部分的实体放大。其中，黑色表示油相，灰色表示骨架，白色表示水相，圆点表示空间离散的节点。

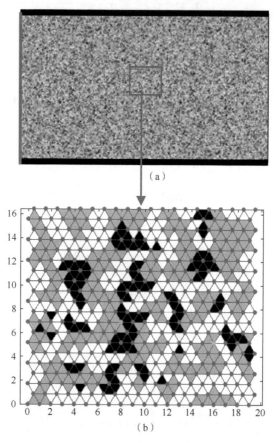

图 5.3 多孔介质模型示意图

5.1.2 多孔介质电传输特性参数的求取

电在多孔介质中的传输特性是一种混合特性，主要取决于电在骨架、水和油相中的传输。这种传输特性集中体现为电阻率，也就是说可以用电阻率来衡量电在多孔介质中的传输特性。格子气自动机中流体的传输特性主要取决于节点上所施加的碰撞规则。同理，如果在骨架、水和油所在的节点采用不同的碰撞规则，那么就可以反映电流在这些相中的传输特性。

根据推导，已经得出在格子气自动机的研究方法中，物质的电阻率可以用某一种物质的黏度来比拟。即如果某一种物质(如骨架、水或油)具有电阻率 ρ，则可以将该物质等价于具有黏度为 $\mu = \rho$ 的一种流体，这样电的传输问题就转化为混合流体的流动问题，从而可以利用研究流体问题所得出的大量成果来解决电的传输问题。根据 5.1.1 节的知识，可以把骨架、水和油等价于三种流体。虽然水和油本身就是流体，但是等价的流体与其有不同的含义。等价后的流体黏度值等于电阻率的大小，而不是真正意义上的黏度。

参考图 5.3(a) 所示的模型，可以看出多孔介质的导电行为可以看成在两平行板间的流体流动，而这正是流体力学中的 Poiseuille 问题，如图 5.4 所示。

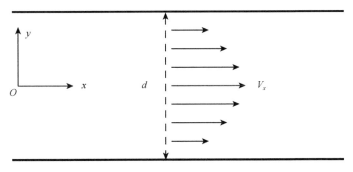

图 5.4 Poiseuille 模型示意图

根据流体力学的知识[3]，可以得到两平行板间的伯肃叶（Poiseuille）流动问题 x 方向速度剖面的解析解为

$$V_x = \frac{G}{2\mu}\left(\frac{d^2}{4} - y^2\right) \tag{5.34}$$

相应的流量为

$$Q = \frac{Gd^2}{12\mu} \tag{5.35}$$

式中，G 为压力(对于电流体来说，对应于电压)梯度；Q 为流量；d 为两平行板间的距离[对于格子气自动机模型来说，d=模型宽度$(M) \times \frac{\sqrt{3}}{2}$，见图 5.3(b)，由于离散网格为正三角形网格，所以如果模型宽度为 M 个网格，则实际宽度为 $M \times \sqrt{3}/2$ 格子单位]。

由式(5.35)，得

$$\mu = \frac{Gd^2}{12Q} \tag{5.36}$$

根据第 4 章的式(4.30)和式(4.31)，有

$$\rho = \sum_a f_a$$

$$\rho V_x = \sum_a e_{ax} f_a$$

两式相比可以得到 x 方向速度为

$$V_x = \frac{\sum\limits_a e_{ax} f_a}{\sum\limits_a f_a} \tag{5.37}$$

如果模型规模为 $M \times N$，则流量为

$$Q = \frac{2\sqrt{3}}{3} \frac{\displaystyle\int_0^N \int_{-\frac{d}{2}}^{\frac{d}{2}} V_x \mathrm{d}y\mathrm{d}x}{M \cdot N} \tag{5.38}$$

考虑格子气自动机模型的微观特性，要想获得缓慢连续变化的宏观量必须对时间和空间进行平均。

设 $q(t,r)$ 为某一时间段 T 内，某一节点 r 的任一宏观量（可以是速度 u、动量 ρu 及密度 ρ），则在时间段 T 内 q 的值可取为

$$q(T,r) = \frac{1}{T} \sum_{t=1}^{T} q(t,r) \tag{5.39}$$

又设与 r 相邻的节点 $r+e_a(a=0,1,\cdots,B; a=0$ 时即是 r 本身，e_a 为格子模型单位方向矢量）的权因子为 ω_a，则有空间平均：

$$q(t,r) = \sum_{a=0}^{b} \omega_a q(t,r+e_a) \tag{5.40}$$

实际模拟中，两种平均法可以单独使用，也可以综合使用。但都有一个缺陷，就是可能使本身不光滑的解被平滑。

这样，对式（5.37）的计算结果，利用式（5.39）和式（5.40）进行平均，得到最终的结果。

根据式（5.36）~式（5.38），可以得到格子气自动机的黏度计算公式为

$$\mu = \frac{\sqrt{3}Gd^2}{24} \frac{M \cdot N}{\displaystyle\int_0^N \int_{-\frac{d}{2}}^{\frac{d}{2}} \frac{1}{T} \sum_{t=1}^{T} \sum_{a=1}^{B} \omega_a \frac{\sum\limits_a e_{ax} f_a}{\sum\limits_a f_a} \mathrm{d}y\mathrm{d}x} \tag{5.41}$$

积分离散后得到黏度计算公式为

$$\mu = \frac{\sqrt{3}G}{32} \frac{M^3 \cdot N \cdot T}{\displaystyle\sum_{y=1}^{M}\sum_{x=1}^{N}\sum_{t=1}^{T}\sum_{a=1}^{B}\omega_a \frac{\displaystyle\sum_a e_{ax}f_a(x,y)}{\displaystyle\sum_a f_a(x,y)}} \tag{5.42}$$

式中，M、N 为孔隙介质模型的规模，为已知量；T 为时间平均步数；e_{ax} 为已知量；$f_a(x, y)$ 为单粒子分布函数，一般可以采用 n_a 代替，只要给定初始条件，为已知量。这样，只有压力梯度 G 没有确定。

　　一般情况下，压力的存在使流体的流动状态发生改变。具体地说，就是流体流动的动量发生改变。根据这一物理原理，可以指定一个参数 f_x（压力因子）表示压力施加边界处（即 $x=0$）每个节点沿 x 方向上平均动量的改变量（图 5.4）。这样，施加在边界上的总的力为 Mf_x。那么边界处的压力大小为

$$P = \frac{Mf_x}{d} \tag{5.43}$$

其中，$d = M\sqrt{3}/2$。根据压力梯度的定义，并考虑到在流出边界处（即 $x=N$）没有施加压力，所以有

$$G = -\frac{\mathrm{d}P}{\mathrm{d}x} = -\frac{P_{x=N} - P_{x=0}}{N} = \frac{2\sqrt{3}}{3}\frac{f_x}{N} \tag{5.44}$$

　　由式（5.44）和式（5.42），可以得到黏度计算公式为

$$\mu = \frac{1}{16} \frac{M^3 \cdot T \cdot f_x}{\displaystyle\sum_{y=1}^{M}\sum_{x=1}^{N}\sum_{t=1}^{T}\sum_{a=1}^{B}\omega_a \frac{\displaystyle\sum_a e_{ax}f_a(x,y)}{\displaystyle\sum_a f_a(x,y)}} \tag{5.45}$$

　　式（5.45）是对饱和流体的多孔介质进行实际模拟中采用的计算混合黏度的方法。对多相混合流体应当采用式（5.45）的方法。

5.1.3　单一流体的理论结果与格子气自动机模拟结果对比

　　根据 5.1.2 节的讨论，可以把多孔介质的导电过程类比成在两平行板间的 Poiseuille 流动问题。为了检验格子气自动机对 Poiseuille 流动模拟的效果，可以通过一个简单的模型，把格子气自动机模拟结果和相应的解析解计算结果做比较。

　　由图 5.5，模型的规模为 $M=N=50$（格子单位），就是把模型空间离散成 50×50 的网格空间。流体为单一流体，采用 FHP Ⅰ 模型碰撞规则，平均粒子密度为 0.425，压力因子 $f_x=0.0025$。上下边界采用无滑移固壁边界，压力施加在左边界，

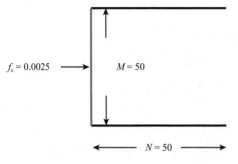

图 5.5　单一流体 Poiseuille 模型示意图

右边界为自由边界。为了减少边界效应的影响及模拟无限长流场，使左右边界为循环边界。

对上述模型进行模拟，共运算 30000 时间步，进行 5000 步时间平均和空间平均。

利用式(5.34)计算解析结果的速度剖面，利用式(5.37)计算格子气自动机模拟结果的速度剖面，计算结果显示于图5.6。

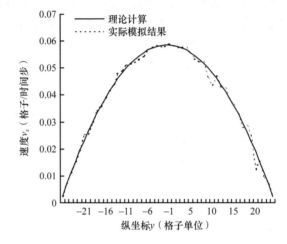

图 5.6　解析解与格子气自动机模拟结果速度剖面比较图

从图 5.6 中可以看出，解析解的速度剖面与格子气自动机模拟结果的速度剖面吻合得十分好。但是，数值结果有一定的涨落，这是因为从本质上讲格子气自动机是离散方法，微观上是布尔场(节点上的粒子有无采用布尔量 1 和 0 来表示)。通过统计学的方法来获得宏观量，难免在一定程度上还存在涨落现象，可以利用加大空间和时间步长来进一步减小涨落现象。

根据式(4.87)和式(5.42)分别计算了理论黏度和数值黏度。理论计算黏度为 2.31，数值模拟结果黏度为 2.2998，相对误差为 0.4%。这充分证明格子气自动机方法的有效性。

5.1.4　多孔介质的格子气自动机模型

对于多孔介质，格子气自动机模型相对复杂，它是多种组分构成的混合相态。对于介质的不同组分应当采用不同的碰撞规则。通常认为，岩心骨架和油是不导电的，但是如果假设它们绝对不导电，那么当孔隙度较低时，电阻率的测量将变得非常困难。事实上，导电与不导电都是相对的，不导电的介质只是电阻率很大，易导电的介质电阻率小而已。鉴于此，不妨假设骨架与油具有高电阻率，而水的电阻率低，这样就可以用高黏度流体近似骨架和油相，用低黏度流体近似水相。参看图 4.11，如果假设骨架电阻率最大，油相电阻率次之，水相电阻率最小，那么可以用 FHP Ⅰ 规则模拟骨架，FHP Ⅱ 规则模拟油相，FHP Ⅲ 规则模拟水相。

由图 5.7，调节平均粒子密度的大小，就可以调节骨架、油和水三者的电阻率大小。如果取平均粒子密度为 0.85，此时，水、油及骨架的电阻率之比为 1：118.69：143.17。

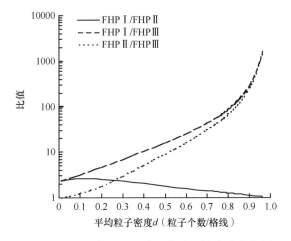

图 5.7　不同碰撞规则黏度比值随平均密度变化图

按照 5.1.2 节所讨论的方法可以建立多孔介质模型及其相应的空间离散网格，但同时要注意到模型的规模不能太小。Rothman[4]在 1988 年曾对模型规模对格子气自动机模拟结果的影响做过研究。一般情况下，孔隙介质模型的宽度(M)应当大于两倍的粒子平均自由程。对于较小的模型宽度，当压力一定时，流量有明显的震荡，很难达到稳定状态。这种震荡产生的原因是当模型宽度较小时，施加的压力对流量的影响小于格子气自动机模型系统本身在平衡态的波动的影响。为了研究模型宽度对模拟结果的影响，我们对一系列具有不同宽度相同长度($N=50$)的模型，在压力因子为 f_x=0.0025 的情况下，采用 FHP Ⅰ 碰撞规则进行数值模拟，模拟结果与理论计算结果如图 5.8 所示。

从图 5.8 中可以看出，随着模型宽度的减小，模拟计算的流量往往大于理论计算的结果，即模拟结果要比预测的结果大。这个结论与 Rothman 的结论相同。这种现象在实际物理实验中也被观测到了，通常称为 Knudson 流。这是由于模型的宽度接近或小于模型中粒子的平均自由程，在这种宽度下，无滑移固壁边界对流体的摩擦阻滞影响减小，流体在边界处近似于滑移流动。这种现象在格子气自动机中可以解释：由于模型宽度太小，粒子在两个绝缘壁间直接连续来回弹射，而没有与流动的其他粒子发生碰撞，使无滑移边界的作用减小。

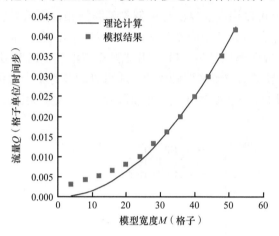

图5.8　不同模型宽度对流量的影响

所以，模型的规模应当大于两倍的平均自由程，以增加碰撞发生的概率。对FHP Ⅰ碰撞规则，粒子的平均自由程一般为11.6个格子单位，而对于其余两种碰撞规则平均自由程小于11.6个格子单位。这样，只要选择模型宽度大于23.2就可以满足条件。

压力(电压)因素的选择对模拟结果有重要影响。对于电阻率(混合黏度)不同的孔隙介质模型，施加的电压有一个范围，对于一定规模的模型电压不能太大，如果电压太大则欧姆定律就不再适用，电压也不能太小，否则，格子气自动机系统的噪声与电流信号的数量级相同，那么测量结果的准确性和可信度将很低(图5.9)。

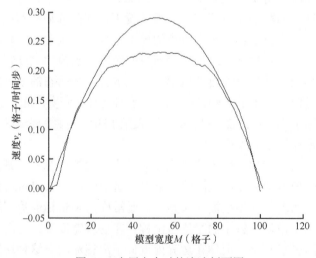

图5.9　电压太大时的流速剖面图

　　图 5.9 中光滑速度剖面为相同条件下理论上应当具有的速度剖面，不光滑的
速度剖面为实际模拟的速度剖面。

　　从图 5.9 中可以看出，当压力(电压)达到一定程度后，随着压力的增加，流
量(电流)的增加速度远低于 Darcy 定律(欧姆定律)所预测的速度，也就是说电压
达到一定程度后，介质被击穿，这时再增加电压，电流将有很小的变化或不变。
这种情况下，无法利用欧姆定律来计算介质的电阻率，因为这时计算出来的电阻
率偏小。

　　当所取的电压合适时，实际模拟的速度剖面与理论计算的速度剖面基本吻合，
如图 5.10 所示。此时，欧姆定律所描述的电压、电流和电阻之间的关系成立，可
以利用该定律来计算介质的电阻率。

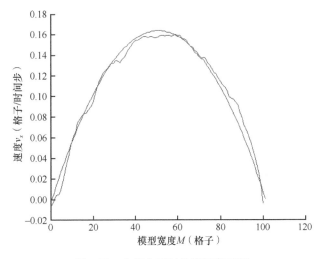

图 5.10　电压合适时的流速剖面图

　　从图 5.11 中可以看出，如果电压值太小，此时信号受噪声的干扰十分明显，
速度剖面涨落现象剧烈，由格子气自动机模型本身在平衡态时的扰动所产生的震
荡，有时可以完全淹没信号。这种情况下，如果利用测得的电流信号来计算介质
的电阻率，则计算结果误差很大。当然，电压的选择与模型的规模有关，当孔隙
介质的规模较大时，电压可以适当取得大些；当孔隙介质的规模较小时，电压可
以适当取得小些。

　　根据前面的讨论，针对不同的介质模型，介质的不同组分应当采用相应的碰
撞规则，确定适合的模型规模，确定恰当的电压大小。这些因素都将对模拟结果
有重要的影响。

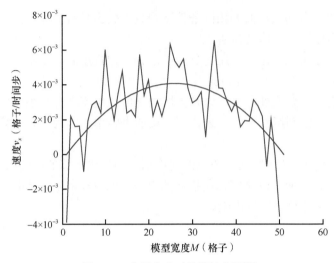

图 5.11　电压太小时的流速剖面图

5.2　格子气自动机 F-ϕ 的关系

Archie 公式主要包括两个方程：$F = a\phi^{-m}$，$I = bS_{\mathrm{w}}^{-n}$。其中第一个公式描述了地层因素 F 与地层孔隙度 ϕ 间的关系，可以简称为 F-ϕ 关系。第二个公式描述了电阻率增大系数 I 与地层含水饱和度 S_{w} 间的关系可以简称为 I-S_{w} 关系[5-11]。地层因素定义为地层百分之百含水时的电阻率与地层中水的电阻率的比值，按照相同的思路，根据第 3 章中的关于孔隙介质模型的讨论，可以用完全饱和水时的模型总的黏度与模型水的黏度的比值来类比电阻率的比值，这样就可以得到格子气自动机运算得出的孔隙介质模型的地层因素 F。自本章开始，所有图表的孔隙度、饱和度坐标单位为小数。

结合 5.1 节中关于模型规模、电压大小、平均粒子密度及碰撞规则对模拟结果影响的讨论，设定孔隙介质模型网格规模为 50×50，格子气自动机参数为电压（此电压为数值模型电压）为 0.015，平均粒子密度为 0.85。数值实验过程中，采用 Rothman[4, 12] 的方法施加电压。模型的上下边界设为绝缘边界，绝缘边界的处理在格子气自动机算法中极易实现，即采用所谓的无滑移固壁边界。为了模拟无穷介质，设模型的左右边界为周期性边界。经过平均为 45000 步的运算达到稳定，如图 5.12 所示。

从图 5.12 中可以看出，即使在平衡态也存在涨落，这是由流体流动空间的绝对离散和格子气自动机运算方法的离散本质决定的[13]。当格子气自动机运行达到稳定时，可以利用 5.1 节中介绍的方法计算得到相应模型的电阻率，然后按照 Archie 公式的定义得到相应的 F、I。

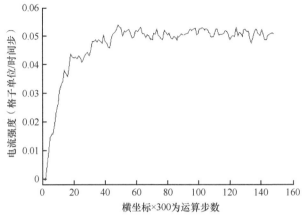

图 5.12　每 300 步电流强度图

5.2.1　不同骨架形状对 F-ϕ 关系的影响

对各种不同形状的骨架所构成的孔隙介质模型进行模拟，数值模拟的结果显示：地层因素 F 与孔隙度 ϕ 的关系，正如阿奇（Archie）公式描述的那样，存在幂函数关系[5-11]。图 5.13 显示了三角形骨架孔隙介质模型的 F-ϕ 关系。

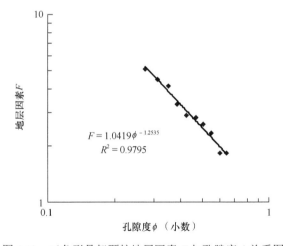

图 5.13　三角形骨架颗粒地层因素 F 与孔隙度 ϕ 关系图

对所有不同类型的骨架，我们均得到类似的关系图，具体参数见表 5.1。

表 5.1　不同骨架结构对地层因素 F 与孔隙度 ϕ 关系的影响

骨架类型	a	m	r
菱形	1.0689	1.4105	0.9802
三角形	1.0419	1.2535	0.9897

续表

骨架类型	a	m	r
随机点分布	1.0325	1.2215	0.9968
矩形	1.0428	1.1817	0.9895

注：a、m 为 Archie 参数，r 为相关系数。

　　根据计算结果，可以看出地层因素 F 与孔隙度 ϕ 间的幂函数关系对各种骨架结构都是成立的，而且指数 m 受骨架结构的影响，也就是说参数 m 与导电路径的复杂程度有关，与孔隙空间的复杂程度有关。计算结果表明在孔隙度大于 10%时，地层因素 F 与孔隙度 ϕ 间的幂函数关系与数据吻合得很好，拟合系数都大于 0.9。但是当孔隙度小于 10%时，如图 5.14 所示。

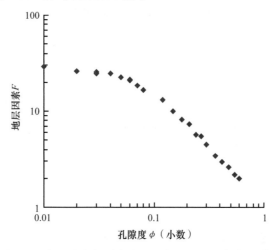

图 5.14　大孔隙度范围内地层因素 F 与孔隙度 ϕ 关系图

　　从图 5.14 中可以看出，当孔隙度小于或等于 3%时，其 F 值已经偏离了拟合关系直线(在双对数坐标系)，这说明在孔隙度小于或等于 3%时，F 与孔隙度间的关系有了改变，在双对数坐标系表现为明显的非线性关系，对这种现象许多学者都进行了描述[14-18]。这个结论与 Küntz 等[1]所得的结论基本相同，他认为孔隙度小于 3%时 F 与孔隙度的关系偏离了幂函数关系，他们所得的地层因素 F 与孔隙度 ϕ 的幂函数关系参数如表 5.2 所示。

表 5.2　地层因素 F 与孔隙度 ϕ 幂函数关系参数[1]

骨架形状	a	m	r
随机分布	1.08	1.22	0.998
三角形	1.08	1.26	0.999
菱形	1.05	1.24	0.998

对于 F-ϕ 间关系在双对数坐标系表现出来的非 Archie 现象,目前主要有两种解释:一种观点认为这是岩石本身的特性;另一种观点认为是实验过程中各种因素的影响造成的。这在前言中已经做了较详细的论述。现在,让我们从另一个角度进行观察。因为孔隙介质是一种混合体,如果只考虑骨架和孔隙的话就是两相混合体。对于这两相混合后的导电模式,现在的观点大体可分为岩石物理模型并联和串联导电两大类。为了观察孔隙介质的导电模式,我们将模拟结果与岩石物理模型并联、串联理论计算结果作对比。

从图 5.15 中可以看出:各种骨架形状的孔隙介质,其 F-ϕ 间关系在双对数坐标系都表现出来一定的非 Archie 现象。而且数据点均分布在并联与串联数据点之间,但最靠近并联的导电模式,这说明并联导电模式反映了孔隙介质的混合导电模式。同样可以观察到并联导电模式本身在双对数坐标系下就显现出来非线性。这就是说在并联导电模式下对孔隙介质来说,不管采用何种岩性,采用何种仪器,测量结果本身在双对数坐标系下应当是非线性的。这种非线性是孔隙介质混合导电的特性。当然,在孔隙度较大(一般大于 10%)的情况下,F-ϕ 仍然近似呈线性关系。

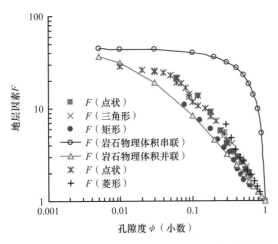

图 5.15　不同骨架介质 F-ϕ 关系模拟结果与理论计算结果对比图

并联导电模式并不是孔隙介质混合导电的精确形式。只有在孔隙结构极其简单的情况下,如矩形骨架(图 5.16),其导电模式与并联模式基本相同。大多数孔隙介质的孔隙结构要复杂得多,因而表现出来的导电模式也要更复杂。由图 5.15 可见,一般当孔隙度越大时,导电模式越接近并联。随着孔隙度的减小导电模式偏离并联向串联靠近。当孔隙度减小到某一量值(一般为 10%以下),导电模式又向并联模式靠拢。因此,简单地用体积模型按并联导电假设来解释 Archie 关系,并由此说明 Archie 公式是理论公式是不准确的。

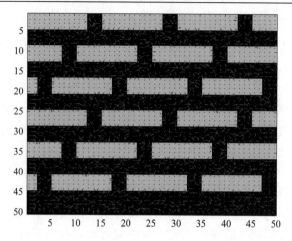

图 5.16　矩形骨架孔隙介质结构图(局部放大)

既然 Archie 公式中 F-ϕ 关系只能在一定的孔隙度范围内适用,那么能否找到一种在更广大范围内适用的公式?通过对大量模拟结果的分析,我们总结出下面的公式:

$$F = \frac{R_O}{R_W} = \phi^{-a\phi^m} \tag{5.46}$$

式中,F 为地层因素(实数);R_O 为地层百分百含水时电阻率($\Omega \cdot m$);R_W 为地层水电阻率($\Omega \cdot m$);a、m 为参数(实数)。

式(5.46)的推导过程如下。

根据前面的描述,可以知道,一般孔隙度越大,导电模式越接近并联,随着孔隙度的减小导电模式偏离并联向串联靠近,孔隙度减小到某一程度(一般为 10% 以下),导电模式又向并联模式靠拢。因此,为了得到更准确的公式,须在前言中所描述的并联模型中引入校正函数,来校正孔隙与骨架混合造成的影响:

$$\frac{1}{R_O} = \left[(1-\phi)\frac{1}{R_{ma}} + \phi\frac{1}{R_W} \right] \cdot f(\phi) \tag{5.47}$$

式中,R_{ma} 为骨架电阻率($\Omega \cdot m$);$f(\phi)$ 为校正函数,它应当满足使式(5.47)在高孔隙度时接近并联效果,然后随孔隙度减小偏离并联,当孔隙度减小到一定程度后又重新向并联靠拢。这样,构造下面的函数:

$$f(\phi) = \phi^{a\phi^m - 1} \tag{5.48}$$

联合式(5.47)和式(5.48),并令 $1/R_{ma} \approx 0$(表示骨架几乎不导电)可得到式(5.46),其拟合结果如图 5.17 所示。

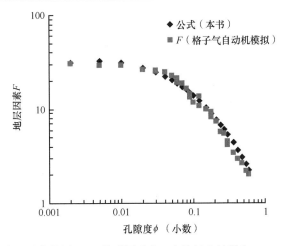

图 5.17　全孔隙度范围 F-ϕ 关系用式(5.46)的拟合结果(a=1.75，m=0.185)

　　从图 5.17 中利用式(5.46)计算的数据与数值模拟结果的对比可以看出，式(5.46)在更广大的范围内反映了 F-ϕ 关系的规律。在这个 F-ϕ 关系式中，孔隙度的指数不再是一个常数而是一个孔隙度的函数，这个函数的特性就是随着孔隙度的减小而减小(这与实际岩心实验的结论相同[19])。当孔隙度越小时，孔隙度的变化所导致的孔隙结构复杂程度的变化在减小。这意味着，当孔隙度较小时，孔隙结构已经很复杂了，再减小孔隙度并不能使孔隙结构复杂程度增加多少。由此看来，Archie 公式中的孔隙度指数反映的是孔隙结构复杂程度变化的情况，孔隙结构复杂程度变化的越剧烈孔隙度指数越大，反之亦然。而不是以前认为的那样：孔隙度指数反映了孔隙结构的复杂程度[20]。

5.2.2　泥质含量及其分布形式对 F-ϕ 关系的影响

　　孔隙介质中的泥质对其导电特性有显著的影响。人们认为在含有泥质的情况下 Archie 公式不再适用，并根据并联模型导出了各种公式，如 Simandoux 公式、印度尼西亚公式和尼日利亚公式等，约有近百个方程。但是这些公式很少能够被广泛地应用。究其原因，曾文冲曾指出：我们过于把目光集中于泥质的微观导电机理，即泥质或黏土的导电机理的"纯"物理特性的研究，忽略了把泥质作为一种地质体，而从整体特性入手，分析其宏观导电机理[18]。这些公式一方面过分强调泥质微观导电机理，另一方面在公式的推导过程中采用了简单的体积模型和并联导电模式，如此得到的公式其适用性差是不可避免的。

　　长期以来，人们很少就泥质含量对 Archie 公式各项参数的影响进行研究。现在，应用格子气自动机方法我们可以不从并联导电模型出发，而是从组成孔隙介质的各种导电组分完全混合导电的模型出发(这是格子气自动机方法的根本特性)，来研究泥质含量及其分布形式对 Archie 公式各项参数的影响。

为了达到这个目的，首先要建立恰当的孔隙介质模型，然后按照可能的泥质分布形式来建立泥质分布。一般泥质的分布形式分为点状泥质(亦称为分散泥质)、结构泥质和层状泥质。点状泥质就是泥质颗粒分散在砂岩粒间孔隙的表面，其体积是粒间孔隙体积的一部分。这也就是说，点状泥质的含量将影响孔隙介质的有效孔隙度大小。结构泥质就是泥质颗粒代替部分纯砂岩颗粒而不改变粒间孔隙度的大小。层状泥质就是泥质在孔隙介质中呈条带状分布，其体积取代了相应的纯砂岩颗粒和粒间孔隙体积，从而会影响孔隙介质的有效孔隙度。

图 5.18 和图 5.19 给出了模拟结果，从图中可以看出：随着点状泥质含量的增加，在双对数坐标系，F-ϕ 关系曲线向水平轴靠近，这就是说，随着点状泥质含量的增加 m 值在减小。而且当点状泥质含量增加到一定程度时，F-ϕ 关系在双对数坐标系不再是 Archie 公式所描述的直线(图 5.18)。对比图 5.18 和图 5.19 可以发现，在相同的泥质含量情况下，在图 5.18 中已经出现非 Archie 现象，而在图 5.19 中并没有出现。原因在于图 5.18 样品的孔隙度分布区间为 7%～30%，随着点状泥质含量的增加其有效孔隙度很快减小，小于 10% 以下；而图 5.19 样品的孔隙度分布范围为 18%～58%，因此点状泥质含量的增加虽然减小了有效孔隙度，但大多数样品点的孔隙度仍然在中等孔隙度范围，所以 F-ϕ 关系在双对数坐标系仍然是直线。

结构泥质对 F-ϕ 关系的影响不同于点状泥质。图 5.20 中的孔隙介质模型与图 5.18 中的孔隙介质模型除泥质分布形式外是完全相同的，对比这两图可以发现：虽然两者的样品是完全相同的，但是泥质的分布形式不同导致随着泥质含量的不同 F-ϕ 关系的变化规律有所不同。

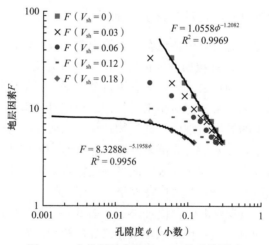

图 5.18　点状泥质含量对 F-ϕ 关系的影响

V_{sh} 为泥质含量

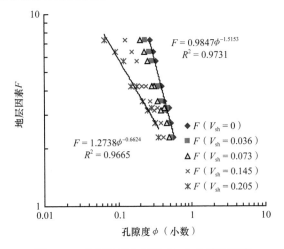

图 5.19　点状泥质含量对 F-ϕ 关系的影响

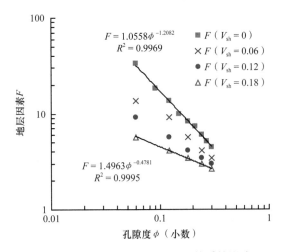

图 5.20　结构泥质含量对 F-ϕ 关系的影响

　　结构泥质是用泥质颗粒代替骨架颗粒，因此结构泥质并没有改变孔隙介质的孔隙结构，不像点状泥质那样会使孔隙介质的有效孔隙度减小，但是结构泥质的存在改变了孔隙介质的导电路径，当泥质含量增加时，泥质的附加导电作用使导电路径变得简单，更准确地说，应当是泥质的存在使样品导电路径变化的剧烈程度减小了。因此从图 5.20 中可以看到，随着结构泥质含量的增加，在双对数坐标系 F-ϕ 关系呈现直线关系，斜率在减小，也就是说 m 值在减小，但是 F-ϕ 间的直线关系不变，而不像点状泥质那样会产生非 Archie 现象。

　　层状泥质既像点状泥质那样改变了孔隙介质的有效孔隙度大小，又像结构泥质那样改变了孔隙介质的导电路径。从图 5.21 中可以看出，层状泥质的存在，一

方面使 m 值变小了，另一方面导致了比较严重的非 Archie 现象。并且，一般点状泥质改变了孔隙介质的有效孔隙度，当孔隙度下降到 0.1 以下时，非 Archie 现象才比较明显；而层状泥质所引起的非 Archie 现象相对而言更加明显，在孔隙度小于 28% 时，非 Archie 现象就已经开始出现了。

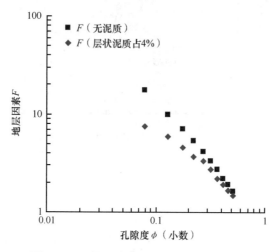

图 5.21　　层状泥质含量对 F-ϕ 关系的影响

通过对 120 多个包含不同泥质分布形式、不同泥质含量的样品进行统计分析发现，参数 a、m 与泥质含量 V_{sh} 存在明显的关系：一般情况下（不存在非 Archie 现象的情况下），参数 a 随着泥质含量的增加而增加，参数 m 随着泥质含量的增加而减小，如图 5.22 所示。取部分样品，可得到如下关系：

$$a = 1.0591 \cdot e^{1.7896 \cdot V_{\text{sh}}}，\quad 拟合系数\ R = 0.9986，\quad V_{\text{sh}} \leqslant 0.2\,(20\%)$$

$$m = 1.1446 \cdot e^{-0.0214 \cdot V_{\text{sh}}}，\quad 拟合系数\ R = 0.9874，\quad V_{\text{sh}} \leqslant 0.2\,(20\%)$$

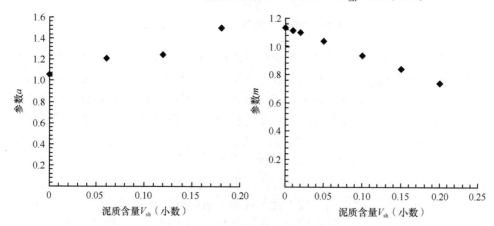

图 5.22　　参数 a、m 与泥质含量 V_{sh} 关系图

　　由于实际岩心的复杂性，因此在实际应用时应根据当地岩心资料通过实验室实际测量来确定各参数与泥质含量间的具体形式。

　　另外，研究还发现除了结构泥质外，点状泥质和层状泥质的存在都会在一定程度上导致非 Archie 现象的产生。层状泥质对非 Archie 现象的影响要大于点状泥质。对于自然界中含有泥质的孔隙介质来说，其组分中的泥质分布形式很少是单一的，一般由多种分布形式组合而成，而且孔隙度通常小于 30%。由此可以得出，自然界的孔隙介质大多随着泥质含量的增加，其 F-ϕ 关系会表现出一定程度的非 Archie 现象（其程度取决于哪种泥质分布形式占主要地位）。这个结论与众多学者的岩心实验结果相吻合[20]。

5.2.3　裂缝对 F-ϕ 关系的影响

　　裂缝对地层中孔隙介质的孔隙结构及渗透性有重要的改造作用，这就要求对裂缝的影响进行研究。通常，为了获得 Archie 公式的各项参数，需要对实际地层进行取心（岩心样品），然后对取得的岩心样品进行实验，从而获得这些参数。由于取心的费用是非常昂贵的，所以不能整个区域或整个地层进行连续取心，这样取得的样品有限。根据这些有限的岩心获得的参数应用于整个区域，就会存在这种可能：没有在裂缝发育带取心，而这个裂缝发育带却又是储层，于是用其他不含裂缝的岩心所获得的 Archie 公式参数，利用 Archie 公式来计算该地层的饱和度（这正是通常的做法）。那么这种做法是否存在误差？这种误差是否可以容忍？这些问题的回答要求我们研究裂缝对 Archie 公式的影响。

　　为了研究裂缝的影响，利用 5.1 节所描述的方法产生多孔介质模型，然后在孔隙介质模型上增加裂缝，裂缝张开度为一个格子单位。为了了解裂缝的角度对 Archie 公式参数的影响，在介质模型中分别增加水平和垂直裂缝，裂缝张开度相同，如图 5.23 所示。

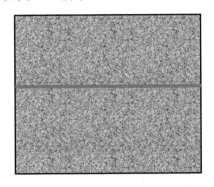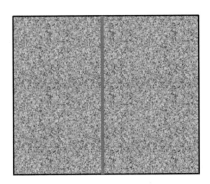

图 5.23　带有裂缝的模型示意图

　　针对上述模型进行格子气自动机模拟，模拟结果如图 5.24 和图 5.25 所示。

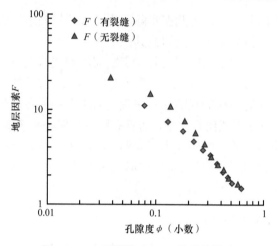

图 5.24　水平裂缝对 F-ϕ 关系的影响

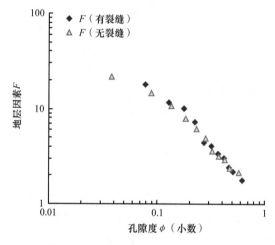

图 5.25　垂直裂缝对 F-ϕ 关系的影响

　　模拟结果显示裂缝的存在对 Archie 公式有显著的影响,而且水平裂缝对 F-ϕ 关系的影响要远大于垂直裂缝对 F-ϕ 关系的影响。水平裂缝的存在,使 m 值变小,而垂直裂缝的存在使 m 值增大,但是并没有对 m 值产生太大的影响(图 5.24,图 5.25)。

　　既然裂缝的存在对 Archie 公式产生了影响,那么剩下的问题将是这种影响会对利用这个公式计算的结果产生多大的误差,这种误差能否被忽略。如果误差过大,那么就需要我们在实际应用中要充分考虑裂缝的影响。

　　图 5.26 清楚地显示,裂缝导致的计算误差是很大的。当孔隙度较大时,计算误差比较小,但是在中等孔隙度范围(孔隙度大于 15% 而小于 30%)误差很大,一般大于 30%,而这个孔隙度范围正是自然界中大多数孔隙介质的孔隙度分布区间。

这就是说裂缝的影响不容忽视，在实际应用中，如果该地区存在裂缝发育带，那么在通过岩心实验来获得 Archie 公式参数时，应当选取足够多的裂缝型样品，以使所得参数更具广泛的意义。

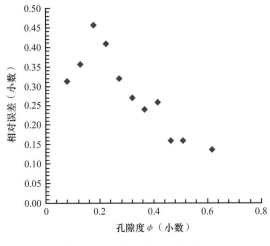

图 5.26　计算结果相对误差图

5.3　格子气自动机 I-S_w 的关系

Archie 公式的第二个公式描述了电阻率增大系数 I 与地层含水饱和度间的关系，可以简称为 I-S_w 关系。电阻率增大系数定义为地层电阻率(地层孔隙中所含流体为油、水，有时还含有气等的混合物)与地层孔隙中百分之百含水时电阻率的比值。根据 5.1 节中的关于孔隙介质模型的讨论，用孔隙中充满混合液(在这里是油水混合液)的模型总黏度与孔隙中充满百分之百水的模型黏度的比值来类比电阻率的比值，这样就可以得到格子气自动机运算得出的孔隙介质模型的电阻率增大系数 I。

模型的各项参数包括模型规模大小、电压大小、平均粒子密度大小及碰撞规则的选取等，都可以参照 5.2 节的内容。对于电压的调节方法、边界的处理方法等都与 5.1 节相同。

5.3.1　不同油滴形状对 I-S_w 关系的影响

为了考察电阻率增大系数 I 与含水饱和度 S_w 之间的关系，对孔隙度为 0.3，骨架形状为三角形的孔隙介质模型，采用不同形状的油滴进行饱和，获得不同的饱和度模型。油滴形状采用骨架形状类型，主要包括随机点状油滴、三角形油滴、菱形油滴和矩形油滴等。

计算结果显示，当孔隙度不太小并且含水饱和度大于 15%时，电阻率增大系数 I 与含水饱和度 S_w 之间存在幂函数关系，与 Archie 公式中电阻率增大系数 I 与含水饱和度 S_w 之间的关系相符。如图 5.27 所示，图中显示了三角形骨架孔隙介质模型，采用随机点状油滴进行饱和时，电阻率增大系数 I 随含水饱和度 S_w 变化而变化的情况。

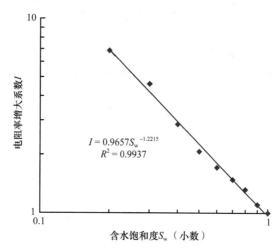

图 5.27 三角形骨架颗粒 I-S_w 关系图

为了研究在油驱水过程中油的分布状态对 Archie 公式（这里指 I-S_w 关系）各项参数（主要是 b、n）的影响，分别采用不同的油滴类型进行模拟实验。

模拟结果显示对于所有油滴类型，电阻率增大系数 I 与含水饱和度 S_w 间都存在幂函数关系，但是参数有所不同，具体结果见表 5.3。

表 5.3 不同油滴类型对 I 与含水饱和度 S_w 关系的影响

油滴类型	b	n	r
菱形	1.0649	1.3905	0.9802
三角形	0.9960	1.2553	0.9897
随机点分布	0.9657	1.2215	0.9968
矩形	1.0442	1.1517	0.9929

注：b、n 为 Archie 参数，r 为相关系数。

根据计算结果可以看出，地层电阻率增大系数 I 与含水饱和度 S_w 之间的幂函数关系受油滴分布形态的影响。也就是说，即使孔隙结构相同，当油相分布状态不同时 I-S_w 关系也会有变化。这是因为，即使在相同含油饱和度的情况下，对于不同的油滴类型其导致的油的分布状态不同，也就是说不同的油滴类型导致导电路径复杂程度不同。

但是模拟结果同时也显示，在双对数坐标系下电阻率增大系数 I 与含水饱和度 S_w 的关系并不总是直线，当含水饱和度小于 0.15 时，出现明显的非 Archie 现象，即此时电阻率增大系数 I 与含水饱和度 S_w 的关系为一条曲线，而且随着含水饱和度的减小，I-S_w 关系逐渐向横坐标轴(即含水饱和度轴)靠近，如图 5.28 所示。

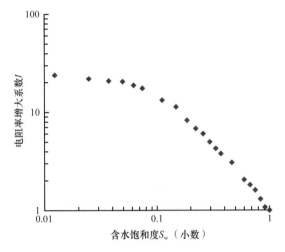

图 5.28　电阻率增大系数 I 与含水饱和度 S_w 关系图

从图 5.28 中可以看出，当含水饱和度小于或等于 15%时(此阈值随孔隙介质的孔隙度、泥质含量等因素变化而变化，这将在以后的章节中加以讨论)，其 I 值已经偏离了拟合关系直线(在双对数坐标系)，这说明在含水饱和度小于或等于 15%时，电阻率增大系数 I 与含水饱和度 S_w 间的关系发生改变，在双对数坐标系表现为明显的非直线关系，这种现象与许多学者的岩心实验结果非常一致[6, 14-25]。

对于 I-S_w 关系在双对数坐标系表现出来的非 Archie 现象，主要原因包括岩石泥质阳离子交换引起的表面导电现象、岩石孔隙中的束缚水引起的表面导电现象、岩石的润湿性、岩石的孔隙结构、岩石的渗透性、岩石泥质、骨架导电等岩石自身的特性；实验中的因素主要包括驱替相(是油驱水还是水驱油)、驱替方式(主要有三种，即恒压驱替、恒速连续注入驱替和恒速注入有等待时驱替)、饱和度历史等。这些因素之所以会对实验结果产生巨大的影响，是因为它们会导致两种现象：饱和度滞后和饱和度不一致分布。并且这些因素都是实验过程中观察到的宏观的效果，由于岩心的复杂性及不可调控性，无法单独考察某一个因素的影响效果，而格子气自动机却可以做到这一点。

与 5.1 节类似，从导电模式的角度出发，建立纯的孔隙介质模型，饱和度一致分布，观察这种情况下电阻率增大系数 I 与含水饱和度 S_w 间关系的变化规律。设定骨架与流体的各自电阻率，然后按照岩石物理体积模型并联、串联及孔隙介质与流体混合导电模式分别计算，模拟结果如图 5.29 所示。

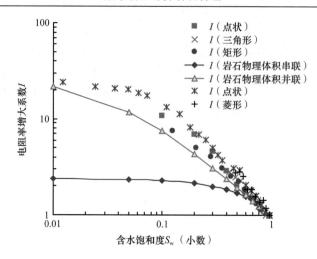

图 5.29　不同油滴类型 I-S_w 关系模拟结果与理论计算结果对比图

　　从图 5.29 中可以看出，各种油滴形状的油相分布状态，其 I-S_w 关系在双对数坐标系表现出程度不同的非 Archie 现象。当含水饱和度较大时(0.6)，并联模式、串联模式及实际模拟结果都比较接近，但是随着含水饱和度逐渐减小，数据点有所偏离，并且这种偏离并不是一致递增的，当含水饱和度小于 0.1 时，这种偏离的程度开始减小，又逐渐向并联模式靠近。即使这样，相对而言数据点均比较靠近并联的导电模式，而远离串联模式，这说明并联导电模式反映了孔隙介质及其所含流体的混合导电模式。同样可以观察到，并联导电模式本身在双对数坐标系下就显现出来非线性，这就是说在并联导电模式下，对饱和流体的孔隙介质来说，测量结果本身在双对数坐标系下应当是非线性的，这种非线性是饱和流体孔隙介质混合导电的特性。

　　从前面的研究结果及结合前人的岩心实验结果都显示电阻率增大系数 I 和含水饱和度 S_w 之间的关系并不是 Archie 公式所描述的在双对数坐标系内的直线关系，孔隙介质及其所含流体的网状结构及由此产生的混合导电本质决定这个关系是非线性的。随着含水饱和度的减小，I-S_w 关系向含水饱和度轴靠近，这表明 Archie 指数 n 将不再是一个定值，它本身是与含水饱和度 S_w 有关的，也就是说指数 n 是 S_w 的函数。但是，当孔隙介质的孔隙度不太小(大于 10%)并且含水饱和度不太低(大于 15%)时，I-S_w 关系在双对数坐标系可以近似地看成直线关系(图 5.27)。

5.3.2　泥质含量及其分布形式对 I-S_w 关系的影响

　　考虑由于泥质所造成的附加导电现象，人们对泥质含量及其分布形式对电阻率增大系数 I 和含水饱和度 S_w 关系的影响进行了许多研究，并提出了一系列饱和度计算公式。

　　基于 5.2 节中所讨论的原因，关于泥质含量对 Archie 公式影响(这里指 Archie 公式中的 I-S_w 关系，以及相应的参数 b、n)的研究进行的很少。由于岩心孔隙结构及其组分构成、分布的微观不可调性，因而泥质分布形式所造成的影响很难通过岩心实验来研究，而格子气自动机的模型相应的参数是可调的，所以可以利用这种方法来研究泥质含量及其分布形式的影响。

　　关于泥质分布形式的分类及含泥质孔隙介质模型的建立已经在 5.2 节和 5.1 节中做了介绍，这里利用已经建立的含泥质的孔隙介质模型，在孔隙中充满水，然后用油驱替水，并令油的分布具有一致性(即在孔隙空间均匀分布)。

　　对于含结构泥质的孔隙介质模型，格子气自动机模拟的结果显示了 Archie 公式 I-S_w 关系随着泥质含量变化而变化的规律，如图 5.30 所示。

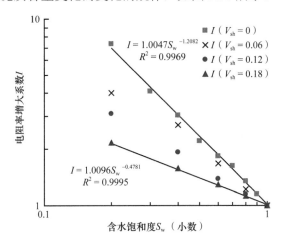

图 5.30　含结构泥质孔隙介质模型 I-S_w 关系

　　从图 5.30 中显示的 I-S_w 关系可以发现，原模型(不含泥质时的纯模型)的 I-S_w 关系在双对数坐标系基本呈线性(因为此时含水饱和度大于或等于 0.2，所以 I-S_w 关系可以近似成线性，见 5.3.1 节结论)，基本符合 Archie 公式描述的关系。随着结构泥质含量的增加，这种关系的线性并没有明显改变，但是可以发现 Archie 中指数 n 随着泥质含量的增加而减小。实际上，图 5.30 中所有孔隙模型的孔隙结构都是相同的，相同饱和度的模型其油、水的分布也是相同的。由于结构泥质是用泥质颗粒代替相应的骨架颗粒，因而并不改变孔隙结构，因此可见产生这种现象的唯一原因就是泥质的附加导电效应。泥质代替骨架颗粒虽然没有改变孔隙介质的孔隙结构，但是泥质的电阻率要远低于骨架的电阻率，因而实际上改变了孔隙介质的导电路径，泥质含量越大，导电路径就越简单，这样就抵消了部分由于含油饱和度的增加而导致的导电路径复杂度的增加。

　　许多学者认为指数 n 是饱和流体分布的反映[14-28]，分布越不均匀 n 值越大。在 5.3.1 节中，采用不同形状的油滴饱和孔隙介质获得不同的 n 值这个情况来看，似乎这个结论是对的。然而图 5.30 的模拟结果显示，即使饱和流体的分布状态都相同，那么 n 值也有变化。这是因为纯的孔隙介质模型其导电路径的复杂程度随着饱和度的变化而变化的程度比较大，而结构泥质的存在改善了导电路径，从而使孔隙介质模型导电路径的复杂程度随着饱和度的变化而变化的程度减小，这样 n 值变小。因此我们认为 n 值是饱和度的变化而引起的导电路径复杂程度变化的反映，而不是饱和流体分布的反映，也就是说饱和度变化相同的程度，导电路径复杂程度变化的越剧烈，n 值越大，反之亦然。当然，n 值在一定程度上与饱和流体的分布状态有关，因为如果饱和流体的分布越不均匀，一般将导致导电路径随饱和度的变化而变化的程度越剧烈。所以 5.3.1 节中的现象可以解释为不同的油滴形状，饱和度变化相同的程度时，其导电路径复杂程度随饱和度而变的变化率不同。

　　由于影响指数 n 的主要是导电路径的变化率，那么对同一个模型来说，其主要的影响因素是饱和度的变化。而对于不同的模型，这种影响因素包括孔隙介质的微观孔隙结构、泥质含量及其分布形式和饱和度本身。关于这些影响因素，我们将在以后的章节中进行具体的分析。

　　对于含分散泥质的孔隙介质模型，格子气自动机模拟的结果(图 5.31)显示了 I-S_{w} 关系随着泥质含量变化而变化的规律。

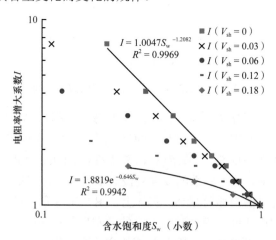

图 5.31　含分散泥质孔隙介质模型 I-S_{w} 关系

　　通过比较图 5.31 和图 5.30 可以看出，相同的孔隙介质模型，当所含泥质的分布形式不同时，随着泥质含量的变化 I-S_{w} 关系的变化规律有所不同。当介质含分散泥质时，虽然随着泥质含量的增加 n 值也在减小，但是当泥质含量增加到一定程度时，I-S_w 间的线性关系发生变化，I-S_w 间不再是线性关系，而是逐渐偏离线性关系，偏向水平轴(即饱和度轴)，见图 5.31 中的泥质含量为 0.12 和 0.18(小数)的 I-S_w 关系线。产生这种现象的原因在于不同的泥质分布形式将对孔隙结构产生不同的影响。当介质含结构泥质时，泥质的存在仅仅影响介质的导电路径，导致 n 变小，而不改变 I-S_w 间的线性关系。当介质含分散泥质时，泥质的存在不仅仅影响介质的导电路径，而且改变了孔隙介质的孔隙结构，从而影响了 I-S_w 间的线性关系。

　　层状泥质的影响类似于分散泥质，它既影响了导电路径也影响了孔隙结构，因而可以导致 I-S_w 关系的非 Archie 现象(图 5.32)。一般情况下，分散泥质所导致的非 Archie 现象，只有在泥质含量达到 0.12 左右时才比较明显。而对于层状泥质，从图 5.32 可见，即使泥质含量只有 0.04，也会产生比较明显的非 Archie 现象。这说明层状泥质对 I-S_w 关系的影响要比分散泥质大。

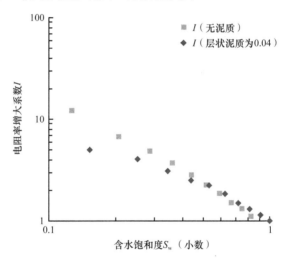

图 5.32　含层状泥质孔隙介质模型 I-S_w 关系

　　通过对大量包含不同泥质分布形式、不同泥质含量的样品进行统计分析发现，参数 b 与泥质含量 V_{sh} 之间关系不大，随着泥质含量的增加 b 几乎不变；而参数 n 与泥质含量 V_{sh} 之间的关系比较明显，随着泥质含量的增加 n 值几乎呈线性下降，见图 5.33。统计分析的结果可用下面的线性关系式来表示：

$$n = 1.1353 - 0.0199 \cdot V_{sh}, \quad \text{拟合系数 } R=1, \quad V_{sh} \leqslant 0.2\,(20\%)$$

　　考虑实际岩心的复杂程度及泥质分布形式的多样性，在应用中应根据当地岩心资料通过实验实际测量来确定各参数与泥质含量间的具体形式。

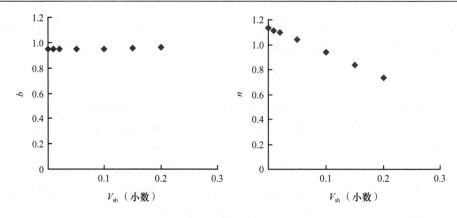

图 5.33　b、n 与泥质含量 V_{sh} 的关系

综上所述，泥质含量及其分布形式对 I-S_w 关系有重要的影响。研究发现：除了结构泥质外，分散泥质和层状泥质的存在都会导致非 Archie 现象的产生，并且层状泥质对非 Archie 现象的影响要大于分散泥质，这些结论与 5.2.2 节的结论相同。因为从本质上来看都是混合导电，只是混合组分不同。自然界中存在的含泥质孔隙岩石，其泥质分布形式很少是单一的，一般由多种分布形式组合而成，而且孔隙度通常小于 0.3。这样，自然界的孔隙岩石大多随着泥质含量的增加，其 I-S_w 关系表现出一定程度的非 Archie 现象（这种程度取决于哪种泥质分布形式占主要地位）。这个结论与众多学者的岩心实验结果相吻合[20]。

5.3.3　裂缝对 I-S_w 关系的影响

在 5.2.3 节中，对裂缝的影响进行了比较详细的研究。结果表明，裂缝对孔隙结构的改造作用对 F-ϕ 关系产生了重要的影响，这种影响是不能忽视的。那么裂缝的存在会对 I-S_w 关系产生什么样的影响？会产生多大程度的影响？本节将探讨这个问题。

采用 5.2.3 节中建立的分别带有水平和垂直裂缝的孔隙介质模型（模型图见图 5.23），进行格子气自动机模拟。裂缝张开度为 2 个格子单位。

图 5.34 显示水平裂缝对 I-S_w 关系有明显的影响：裂缝的存在使 n 值减小。之所以会产生这种现象，是因为我们测量的是水平方向的电阻率，而裂缝的方向也是水平方向的，这样裂缝的存在无疑起到了连通导电路径的作用。由于裂缝的连通作用，饱和度的变化对导电路径复杂程度的影响变小，因此 n 值变小。

在实际应用中，由于取心的费用及取心的位置等原因，有时取到的岩心并不在裂缝发育带。用这样的岩心样品通过实验获得的 Archie 参数来计算裂缝性地层中的饱和度，肯定会产生较大的误差。从图 5.34 中可以看出，在水平裂缝发育带，利用无裂缝岩心获得的 Archie 公式计算地层含水饱和度，一般会偏大。

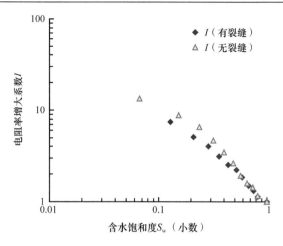

图 5.34　水平裂缝对 I-S_w 关系的影响

在图 5.34 中的原状(指不含裂缝)孔隙介质模型上，添加垂直裂缝，其他部分的孔隙结构不变，模拟结果如图 5.35 所示。

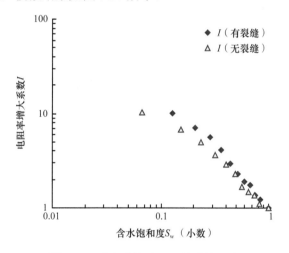

图 5.35　垂直裂缝对 I-S_w 关系的影响

图 5.35 中，垂直裂缝对 I-S_w 关系的影响与水平裂缝对 I-S_w 关系的影响不同，垂直裂缝的存在使 n 值增大。产生这种现象的原因是垂直裂缝的存在使饱和度的变化对导电路径复杂程度的影响变大。由此可见，在垂直裂缝发育带，利用无裂缝岩心获得的 Archie 参数计算地层含水饱和度，计算结果一般会偏小。

为了考察利用无裂缝时的 Archie 公式计算裂缝带含水饱和度所造成的误差情况，采用无裂缝时的 Archie 公式计算了水平裂缝发育带的饱和度，并把计算误差随饱和度的变化情况绘于图 5.36(图中相对误差取了绝对值，真实值为负的，表示计算结果小于实际值）。从图 5.36 中可以看出，当地层含水饱和度大于 0.4 时，计算误差在 0.1 左右或更低。当地层含水饱和度小于 0.4 时，计算误差迅速增大，一般大于 0.2，即在水平裂缝发育地带，计算的含水饱和度不可靠。

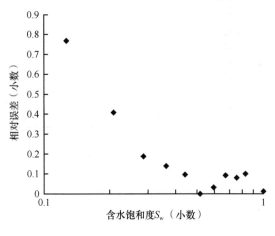

图 5.36　计算结果误差图

综上，水平裂缝和垂直裂缝都会对 I-S_w 关系造成影响。水平裂缝的存在会使 n 值变小，此时利用无裂缝岩心获得的 Archie 参数计算地层含水饱和度，一般会偏大。垂直裂缝的存在会使 n 值增大，此时利用无裂缝岩心获得的 Archie 参数计算地层含水饱和度，一般会偏小。

5.3.4　孔隙度大小对 I-S_w 关系的影响

关于孔隙度的大小对电阻率增大系数 I 和含水饱和度 S_w 关系的影响，许多学者[20]已经采用实际岩心实验进行了研究，结果表明孔隙度大小与饱和度指数 n 之间存在明显的关系，当孔隙度比较大时，相应的 n 值也较大；当孔隙度减小时，相应的 n 值也减小。通常人们认为这种关系是线性的，大多数对孔隙度与 n 之间的关系采用线性关系进行拟合。但是，同样许多的岩心实验也显示孔隙度与 n 之间并非简单的线性关系，这种影响是复杂的。

下面对三种不同孔隙度的模型进行模拟，考察孔隙度对 n 的影响，模拟结果如图 5.37 所示。

从图 5.37 中可以发现：当孔隙度较小时(0.1)，电阻率增大系数 I 与含水饱和度 S_w 关系的非线性程度要比大孔隙度时(0.3)明显得多。当孔隙度较小时，在含水饱和度小于 0.5 的情况下 I-S_w 在双对数坐标系非线性关系已经很明显了；而孔隙度较大时，I-S_w 关系偏离直线的范围是饱和度小于 15%。另外，含水饱和度较高时(大于 60%)，孔隙度小的介质模型对应的电阻率增大系数比较大，而孔隙度大的介质模型对应的电阻率增大系数反而比较小，即在饱和度较高的区间，随着

孔隙度的减小 n 值有可能会增大, 见表 5.4。而在较大的饱和度区间, 如 $0.2 \leqslant S_w \leqslant 1$,
随着孔隙度的减小 n 值减小。

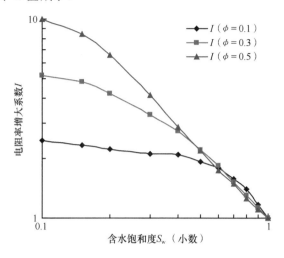

图 5.37　不同孔隙度下电阻率增大系数 I 与含水饱和度 S_w 关系图

表 5.4　不同孔隙度情况下的 b、n、r 参数 $(0.6 \leqslant S_w \leqslant 1)$

孔隙度/%	b	n	r
30	1.117	1.1728	0.9972
27	0.9994	1.2065	0.9981
18	0.9711	1.2904	0.9991
15	1.0007	1.2975	0.9981

　　根据 5.3.1 节、5.3.2 节和 5.3.4 节的模拟研究可以发现, 饱和度指数 n 在很多
情况下不是常数, 也就是说从大的饱和度范围及孔隙介质中的骨架、孔隙、流体
等成分的混合导电模式来看, 电阻率增大系数 I 和含水饱和度 S_w 不是线性关系。
饱和度指数 n 是含水饱和度、孔隙度及泥质含量等参数的函数, 结合 5.3.1 节、5.3.2
节和 5.3.4 节的模拟研究所得到的规律, 我们构造如下函数:

$$I = \frac{R_t}{R_o} = S_w^{-bS_w^{\frac{n(1-V_{sh})}{\sqrt{\phi}}}} \tag{5.49}$$

式中, ϕ 为孔隙度(小数); V_{sh} 为泥质含量(小数); 其他参数与 Archie 公式相同。
　　结合式(5.46)和式(5.49), 可以得到在广大范围内适用的公式:

$$S_w^{bS_w^{\frac{n(1-V_{sh})}{\sqrt{\phi}}}} = \frac{R_w}{R_t \phi^{a\phi^m}} \tag{5.50}$$

求解式(5.50)，得到饱和度计算公式为

$$S_w = e^{W(f(\phi))\cdot\frac{\sqrt{\phi}}{n(1-V_{sh})}} \qquad (5.51)$$

式中，$f(\phi)=\dfrac{n(1-V_{sh})}{b\sqrt{\phi}}\cdot\ln\dfrac{R_W}{R_t\phi^{a\phi^m}}$；$W(\cdot)$为朗伯（Lambert）W 函数。

利用得到的饱和度计算公式，对两个模型进行计算，这两个模型的孔隙度分别为 0.3 和 0.1，都是利用随机点状骨架产生的孔隙介质模型。计算结果和实际模拟结果如图 5.38 所示。

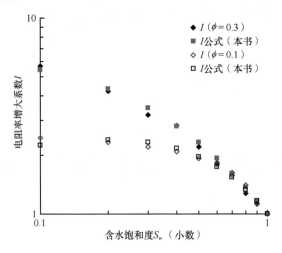

图 5.38　计算结果和实际模拟结果图

b=1.5，n=0.2，a=1.75，m=0.185，V_{sh}=0

在利用公式进行计算时，公式的参数（b=1.5，n=0.2，a=1.75，m=0.185，V_{sh}=0）都是固定不变的，变化的只有孔隙度。从图中可以看到，公式计算结果与实际模拟测量的结果吻合得十分好。这表明了计算公式的有效性。

5.3.5　岩心实验的 I-S_w 关系

为了检验新饱和度计算公式的实用性，从某油田获得 9 块岩心，岩性为砂岩，部分含有泥质。岩心参数见表 5.5。

表 5.5　样品基本参数表（直径均为 2.44cm）

样品号	长度/cm	孔隙度/%	饱含水岩石电阻率 R_0/(Ω·m)	泥质含量/%
1	6.04	10.75	72.55	0.00
2	5.60	7.52	129.91	0.00
3	6.04	9.65	25.73	0.00

续表

样品号	长度/cm	孔隙度/%	饱含水岩石电阻率 R_0/(Ω·m)	泥质含量/%
4	6.18	8.10	68.60	4.90
5	5.97	13.24	33.13	0.00
6	5.83	11.88	66.84	0.00
7	6.23	9.81	69.64	6.30
8	5.99	12.06	94.42	0.00
9	5.77	14.44	79.63	0.00

将岩心实验结果与利用本节提出的饱和度计算公式计算结果绘制在同一张图上以作对比。为了更清楚地了解详细情况，只绘制第 8、9 号样品的 I-S_w 的关系图（图 5.39）。

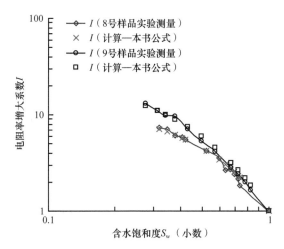

图 5.39　岩心实测结果与饱和度公式计算结果对比图

通过对比可以发现，实验数据与计算数据吻合得相当好，大多数数据点几乎都是重合的。为了检验计算结果的可靠性，对计算结果作误差分析。对于 8 号样品，计算结果的平均误差为 0.055060，误差的标准偏差为 0.231225；对于 9 号样品，计算结果的平均误差为 0.045520，误差的标准偏差为 0.440923。分析结果表明数据的一致性很好，说明饱和度计算公式是有效的。

从图 5.39 中可以清楚地看到非 Archie 现象，虽然这两块样品的岩性相同，但 8 号样品的非 Archie 程度要远甚于 9 号样品。由于岩石实验的条件所限，无法测量任意饱和度的数据，在实际测量中所获得的数据分布不广，而且有数据漏失，在含水饱和度较低的区间没有测量数据，因而无法比较低饱和度时的变化情况。总的来说，图 5.39 的岩心实验表明，随着含水饱和度的减小，I-S_w 关系逐渐表现为非 Archie 关系，而且饱和度越小，非 Archie 现象越严重。另外孔隙度对 $I\text{-}S_w$ 关系有影响，孔隙度越小 n 值越小，非 Archie 现象越严重。这与我们利用格子气自动机模拟的结果相同，从另一方面证明了格子气自动机方法的有效性。

　　仔细比较图 5.39 和图 5.38 还可以发现，虽然格子气自动机模拟所得的规律与岩心实验所得的规律基本相同，但是仍存在细小的差异。从这组实验结果来看，似乎格子气自动机模拟的结果非 Archie 现象更严重。这可能是由于：①格子气自动机方法是数值实验测量结果误差小，而岩心实验由于测量仪器等因素的影响其测量结果有相对较大的误差；②真实的岩心存在矿物、微裂缝等各种因素的影响，这样岩心实验的影响因素要比数值实验复杂，因而实验测得的 n 通常会比格子气自动机数值实验测得的大；③格子气自动机数值实验的饱和度范围要大于真实的岩心实验所能达到的范围；④由于 8 号岩心的孔隙度为 0.1206，9 号岩心的孔隙度为 0.1444，而格子气自动模拟的孔隙介质模型的孔隙度分别为 0.1、0.3，尽管如此，我们可以清楚地看到数值结果与岩心实测结果反映的规律是相同的。

　　Worthington 和 Pallatt[6]曾对图 5.39 中的现象做过比较深入的研究和分析，他们指出当对饱和水的岩心样品做脱饱和时，即用油驱水时，由于孔隙尺寸分布的影响饱和度指数可能会增大、减小或不变。在孔隙尺寸分布不均匀的情况下，岩心水饱和度的减小不是一致的，因此使导电路径的迂曲度异常增大，从而使饱和度指数增大，当饱和度达到或接近水饱和度中值附近时，表面导电现象的作用将越来越明显，当表面导电作用的影响超过迂曲度增加的影响时，饱和度指数开始下降，最终回到 Archie 公式。他们的这种解释的出发点是 $I\text{-}S_w$ 关系应当服从 Archie 公式，而通过格子气自动机模拟发现，图 5.39 中的现象（即 $I\text{-}S_w$ 关系的非 Archie 现象）是孔隙介质、骨架、流体等混合导电的自身特征，即使油驱替水是均匀一致的，不存在表面导电等情况，这种现象也会出现，这是固有的本质现象。

　　为了检验本书提出的新 $I\text{-}S_w$ 关系[式(5.49)]及相应的饱和度计算公式[式(5.51)]的可靠性和实用性，我们一方面利用本书提出的 $I\text{-}S_w$ 关系对岩心实验的数据进行拟合，另一方面采用传统的 Archie 公式对相同的数据进行拟合，拟合结果如图 5.40 所示。

　　对于 8 号岩心样品，采用新的 $I\text{-}S_w$ 关系拟合，拟合系数为 $r=0.99646$，而采用 Archie 公式进行拟合，拟合系数 $r=0.96620$。对于 9 号岩心样品，采用新的 $I\text{-}S_w$ 关系拟合，拟合系数为 $r=0.99593$，而采用 Archie 公式进行拟合，拟合系数 $r=0.98250$。

　　除了 8 号和 9 号岩心样品外，同样对其余的 7 块岩心样品分别采用本书的 $I\text{-}S_w$ 关系和 Archie 公式的 $I\text{-}S_w$ 关系进行拟合，得到各自相应的参数。利用这些参数结合各自的饱和度计算公式(指本书提出的饱和度计算公式和传统的 Archie 饱和度计算公式),对岩心的饱和度进行计算并与实验获得的岩心饱和度数据相比较,计算平均误差以及误差的标准偏差。比较结果见表 5.6。

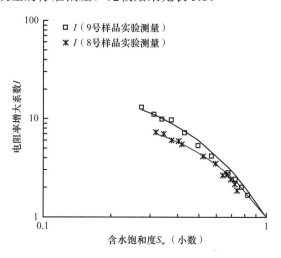

图 5.40　8 号、9 号岩心数据拟合结果

表 5.6　饱和度计算结果与岩心实验结果比较图

样品号	拟合系数		计算结果的平均误差		计算误差的标准偏差	
	新 I-S_w	Archie 公式	新 I-S_w	Archie 公式	新 I-S_w	Archie 公式
1	0.99543	0.99510	0.02777	0.05311	0.24440	0.29072
2	0.89695	0.78130	0.17142	0.26153	0.88280	1.10104
3	0.99202	0.98800	0.05936	0.06520	0.27477	0.38959
4	0.98256	0.98580	0.07409	0.06570	0.50679	0.48407
5	0.99235	0.97740	0.05765	0.08970	0.30388	0.53239
6	0.99619	0.96690	0.05921	0.09002	0.18340	0.42914
7	0.99036	0.97530	0.04904	0.10096	0.65205	0.80800
8	0.99646	0.96620	0.05506	0.09514	0.23123	0.45870
9	0.99593	0.98250	0.04552	0.09366	0.44092	0.96612

通过表 5.6 可以发现,对于拟合系数来说,除了 4 号岩心样品以外,其余 8 块样品采用本书提出的 I-S_w 关系进行拟合的拟合系数要高于采用 Archie 公式的拟合系数。一般来说,采用新 I-S_w 关系拟合结果都比较好,2 号岩心的拟合系数比较低是因为其渗透性比较差,渗透率只有 0.24mD,因而在实验过程中流体的驱替和饱和都比较困难,这样测量结果的误差就比较大,数据点比较分散,然而与

Archie 公式相比，拟合系数还是比较高的。从饱和度计算结果的平均误差来看，采用新饱和度计算公式计算的平均误差比较小，一般都比 Archie 公式计算结果的平均误差小。只是 2 号岩心计算结果的平均误差较大，但是与 Archie 公式计算结果的平均误差相比，这个误差是比较小的。同样，计算结果误差的标准偏差显示：本书提出的新公式计算结果误差的标准偏差要小于 Archie 公式计算结果误差的标准偏差。这些情况都有力地说明，本书提出的新 I-S_w 关系及相应的饱和度计算公式十分有效，是优于传统的饱和度计算公式的。

图 5.41～图 5.43 分别展示了 5～7 号岩心样品数据的新模型拟合处理结果。

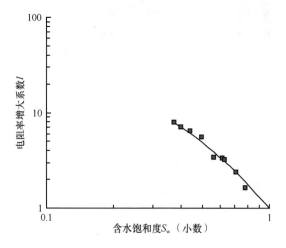

图 5.41　5 号岩心数据拟合结果

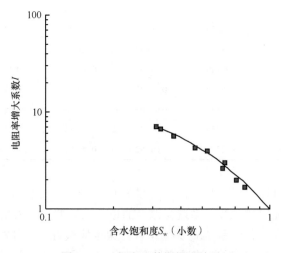

图 5.42　6 号岩心数据拟合结果

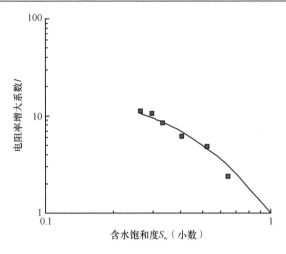

图 5.43　7 号岩心数据拟合结果

参 考 文 献

[1] Küntz M, Mareschal J C, Lavallée P. Numerical estimation of electrical conductivity in saturated porous media with 2D lattice gas. Geophysics, 2000, 65 (3): 766-772

[2] 孔祥言. 高等渗流力学. 北京: 中国科学技术大学出版社, 1999

[3] 吴望一. 流体力学. 北京: 北京大学出版社, 2021

[4] Rothman D. Cellular automation fluids: A model for flow in porous media. Geophysics, 1988, 53: 509-518

[5] Archie G E. The electrical resistivity log as an aid in determining some reservoir characteristics. Transactions of the AIME, 1942, 146: 54-61

[6] Worthington P F, Pallatt N. Effect of variable saturation exponent upon the evaluation of hydrocarbon saturation. SPE 65th Annual Tech. Conference, New Orleans, 1990

[7] Herrick D C, Kennedy W D. Electrical efficiency—A pore geometric theory for interpreting the electrical properties of reservoir rocks. Geophysics, 1994, 59 (6): 918-927

[8] 关继腾, 房文静, 王玉斗. 油藏储渗特性对阿尔奇饱和度指数的影响. 测井技术, 1999, 23 (6): 419-423

[9] 周荣安. 阿尔奇公式在碎屑岩储集层中的应用. 石油勘探与开发, 1998, 25 (5): 80-82

[10] 邓少贵, 边瑞雪, 范宜仁, 等. 岩石电阻率频散及其对阿尔奇参数影响实验研究. 石油地球物理勘探, 1998, 33 (6): 782-786

[11] 高楚桥. 岩石导电效率及其与含水饱和度之间的关系. 石油物探, 1998, 37 (3): 130-136

[12] Rothman D H, Keller J M. Immiscible cellular automation fluids. Journal Statistical Physics, 1988, 52 (3): 1119-1127

[13] Boon J P, Noullez A. Lattice gas diffusion and long time correlation//Monaco R. Discrete kinetic theory, lattice gas dynamics and foundations of hydrodynamics. Singapore: World Scientific, 1989: 399-407

[14] Jing X D, Gillesple A, Trewin B M. Resistivity index from non-equilibrium measurements using detailed in-situ saturation monitoring. SPE Offshore European Conference, Aberdeen, 1993

[15] Givens W W. A conductive rock matrix model (CRMM) for the analysis of low-contrast resistivity formation. The Log Analyst, 1987, 28: 138-151

[16] Al-kaabi A U, Mimoune K, Al-Yousef H Y. Effect of hysteresis on them Archie saturation exponent. SPE Middle East Oil Conference and Exhibition, Manama, 1997: 497-503

[17] Longeron D G, Argaud M J, Feraud J P. Effect of overburden pressure and the nature and microscopic distribution of fluids on electrical properties of rock samples. SPE Formation Evaluation, 1989, 4(2): 194-202

[18] Longeron D G, Argaud M J, Bouvier L. Resistivity index and capillary pressure measurements under reservoir conditions using crude oil. SPE 64th Annual Tech. Conference, San Antonio, 1989: 19589

[19] 雍世和, 张超谟. 测井数据处理与综合解释. 东营: 石油大学出版社, 1996

[20] 雍世和, 洪有密. 测井资料综合解释与数字处理. 北京: 石油工业出版社, 1982

[21] Sprunt E S, Desai K P, Coles M E, et al. CT-scan-monitored electrical resistivity measurements show problems achieving homogeneous saturation. SPE Formation Evaluation, 1991, 6(2): 134-140

[22] Waal J A D, Smits R M M, Graaf J D D, et al. Measurement and evaluation of resistivity index curves. The Log Analyst, 1991, 32(5): 583-595

[23] Centre B P, Sunbury-on-Thames, Pallatt N, Mitchell P. Comparison of saturation exponent data by the porous plate and by the continuous injection technique with in-situ saturation monitoring, 3rd European Core Analysis Symposium, Paris, 1992

[24] Lyle W D, Mills W R. Effect of non-uniform core saturation on laboratory determination of the Archie saturation exponent. SPE Formation Evaluation, 1989, 4(1): 49-52

[25] Walls J D, Gerard C A. A new method for measuring resistivity index on rock samples with uneven saturation distribution, Patent Pending, Core Laboratory International Document No.36-122, 1988

[26] 闫桂京, 潘保芝. 遗传算法在估计测井解释参数方面的应用. 物探化计算技术, 2000, 23(1): 43-46

[27] 王天波, 董春旭, 徐丽萍, 等. 用分形理论确定 m、n 值的方法及其应用. 测井技术, 1998, 22(1): 16-19

[28] 荆万学, 陈永吉. 浅探阿尔奇公式的物理学原形. 测井技术, 1997, 21(4): 289-291

第6章　数字岩石物理渗流研究

6.1　LBM 的流动模拟

LBM 作为一种方便实用的模拟方法, 目前已广泛应用在多孔介质流动研究领域[1]。本章分别对平行平板间 Poiseuille 流、三维数字岩心模型进行模拟, 将数值模拟结果和实验室结果进行比较, 从而验证 LBM 方法进行渗透率模拟的可行性。另外, 在非混溶多相流方面, 利用 Shan-Chen 伪势模型来模拟岩石多孔介质中的多相流问题。

6.1.1　单相渗流模拟

1. 平行平板间 Poiseuille 流的验证

首先, 应用格子 Boltzmann 对比较简单的 Poiseuille 流进行数值模拟。Poiseuille 定律是由 Poiseuille 经过大量研究得出[2], 公式如下:

$$Q = \frac{\pi R^4}{8\eta l}(p_1 - p_2) \tag{6.1}$$

式中, Q 为体积流量; R 为半径; $p_1 - p_2$ 为压强差; l 为管的长度; η 为黏度。

在此模型中, 模型的大小为 400×100, 出口处压力 p_{out} 设为标准大气压。进口压力 $p_{out} - p_{in} = 10\text{Pa}$, 流动介质为空气, 模拟结果如下。

图 6.1 显示的是平行平板间的 Poiseuille 流流动的流量图, 可以看出流动稳定后, 流体流动的状态为层流, 中间部分的流量最大, 向外扩展, 流量逐渐减少。

图 6.1　Poiseuille 流流动稳定后流量图 (扫码见彩图)

图 6.2 给出了平行平板间 Poiseuille 流流动的速度分布。该模型中, 平行平板间 Poiseuille 流流动速度在纵向上的剖面呈抛物线形, 与理论上的速度分布相符。

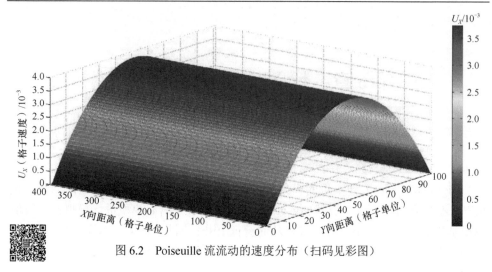

图 6.2 Poiseuille 流流动的速度分布（扫码见彩图）

图 6.3 给出了 X 方向上的速度剖面图。实线代表的是该流动模型 X 方向上速度分布的解析解，而离散点代表的是数值模拟结果，数值模拟结果与解析解相吻合，说明 LBM 模拟方法的准确性。

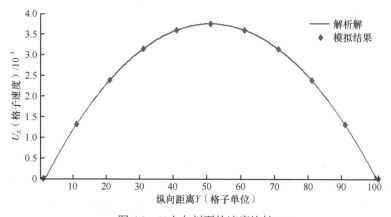

图 6.3 X 方向剖面的速度比较

图 6.4 给出了中心线上的压力分布图。直线与离散的点分别代表中心线上的压力分布的解析解和数值模拟结果。压力差分布呈线性递减趋势，模拟结果与解析解吻合较好。图 6.3 和图 6.4 说明应用格子 Boltzmann 方法模拟 Poiseuille 流的速度、压力分布的准确性，进一步说明了本书采用的压力边界模型对实际物理模型法模拟效果较好。

2. 基于数字岩心的单相流体流动模拟

1) 岩心 CT 图像

本书使用的岩心模型是 Berea 砂岩。Berea 砂岩是一种含有少量长石、白云石和黏土的标准材料。这种砂岩发现于俄亥俄州的 Berea，由于其坚固耐用最早被用于建筑业，现在正广泛用于岩心分析中。在密歇根盆地的油气产层也发现了这种砂岩。Berea 砂岩形成于密西西比地质时期的 Waverly 组中部，沉积在两个层之间，底部是 Bedford 灰岩，顶部是 Berea 泥岩。两个独特的砂岩组构成了 Berea 砂岩地层：下部砂岩组（Orange Berea）见高角度交错层理，粒度较粗，与上部砂岩组相比分选较差；Berea 砂岩的上部砂岩组由于其粒度较细，分选好，发育有密集的平面层理，经常用于岩心驱替实验[3]。采用的数字岩心数据是来自英国帝国理工大学扫描得到的。图 6.5 给出了帝国理工大学制作的 Berea 砂岩的 micro-CT 图像。红色部分代表骨架，蓝色部分代表孔隙。实验室测量的岩心样本数据如表 6.1 所示。表中列举了所用样本在实验室中测量得到的孔隙度、渗透率和地层因数。表 6.1 中的数据说明本次模拟选用的岩石样品物性较好。

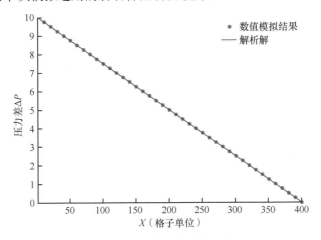

图 6.4　中心线上的压力分布

图 6.5　Berea 砂岩 micro-CT 图像（帝国理工大学扫描）（扫码见彩图）

表 6.1　实验室测量的 Berea 砂岩的分辨率、孔隙度、渗透率和地层因数[4]

样本	分辨率/μm	孔隙度/%	X 方向渗透率/mD	Y 方向渗透率/mD	Z 方向渗透率/mD	地层因数
Berea 砂岩	5.345	19.6	1360	1304	1193	24.1

2) 绝对渗透率的计算

应用 D_3Q_{15} 模型和反弹边界，设定 X 方向为压力驱动方向，其余 4 个面设为边壁。在数值模拟过程中，LBM 边界条件设置为流体与固体壁之间采用反弹边界格式，流体流动方向上的边界条件设为压力边界。在给定的压力梯度下，流体流动达到稳定状态后，即出口流量不再变化时，局部流量可表示为

$$q(r) = \sum_i f_i(r) \cdot c_i \tag{6.2}$$

式中，$f_i(r)$ 为空间点 r 的 i 方向粒子平均密度；c_i 为 i 方向的粒子速度。

由式(6.2)可以计算出压力梯度方向的平均流量，应用达西定律算得渗透率：

$$K = -\frac{q\mu}{\mathrm{grad}P} \tag{6.3}$$

式中，q 为全局平均流量；μ 为流体黏度；$\mathrm{grad}P$ 为压力梯度。

采用 LBM 模拟了水在岩心中的流动过程。流动稳定后，我们可以得到流动速度的结果。进而利用开源三维成像软件来显示 LBM 方法模拟得到的单相渗流速度，如图 6.6 和图 6.7 所示。图 6.7 给出了 $y=1$，$y=200$，$y=399$，$z=200$ 的速度分布剖面图。图 6.6 和图 6.7 中，蓝色表示速度为 0，颜色逐渐变红表示速度逐渐变快。可以发现由于边界设置，孔隙内出口入口处的速度比四周墙面处的速度要大。

利用式(6.2)和式(6.3)，计算得到该模型在三个方向上的渗透率。表 6.2 给出了 X、Y、Z 三个方向渗透率的数值模拟结果和实验室测量的结果。如表 6.2 所示，LBM 模拟的渗透率值与实验值吻合较好，说明 LBM 在基于数字岩心数据模拟岩石绝对渗透率的适用性。

图 6.6　三维数字岩心速度分布（扫码见彩图）

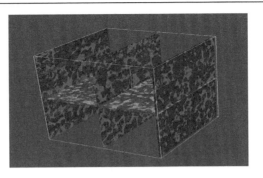

图 6.7　三维数字岩心速度分布剖面（扫码见彩图）

表 6.2　数值模拟结果及实验测量的渗透率　　　　　　（单位：$10^{-3}\mu m^2$）

参数	实验值	模拟值
X 方向渗透率	1360	1376.86
Y 方向渗透率	1304	1316.68
Z 方向渗透率	1193	1216.78

6.1.2　多相 LBM 流动模拟

多相流动模拟计算采用伪势模型[5]，该模型可以自动追踪相界面的运动，并实现相分离，提高了计算效率。定义伪势函数来表征相间的作用力，得出非理想状态方程。

伪势函数定义为

$$V(x,x') = G_{\sigma\bar{\sigma}}(x,x')\psi^{\sigma}(x)\psi^{\bar{\sigma}}(x') \tag{6.4}$$

式中，$G_{\sigma\bar{\sigma}}(x,x')$ 为格林函数；σ 为不同的组分，本书中是油或水，且满足 $G_{\sigma\bar{\sigma}}(x,x') = G_{\bar{\sigma}\sigma}(x,x')$。$G_{\sigma\bar{\sigma}}(x,x')<0$ 表示粒子之间相互吸引。$\psi^{\sigma}(x)$ 是与密度有关的函数，x' 为 x 所在位置的邻近点。流体粒子间的相互作用力为

$$F_f(x) = -\rho^{\sigma}(x)\sum_i G_f \cdot \rho^{\bar{\sigma}}(x+e_i)e_i \tag{6.5}$$

式中，ρ 为粒子密度。其中，$G(x,x') = \begin{cases} G_f, & |x-x'| = e_i \\ G_f/4, & |x-x'| = \sqrt{2}e_i \\ 0, & \text{其他} \end{cases}$

图 6.8 表明表面张力对流体粒子的影响。图 6.8(a)表示两种流体粒子初始状态，黑灰色为非润湿相流体，白色为润湿相流体。目标节点在中心，一半是非润湿相，一半是润湿相。图 6.8(b)说明邻近节点密度分布不同产生了粒子间的引力和斥力，形成表面张力，箭头方向表示表面张力的方向。图 6.8(c)为中心节点上

粒子密度的最终分布状态。两种流体在局部表面张力作用下被重新分布，实现下一个时间步相同组分的流体粒子聚集的过程。

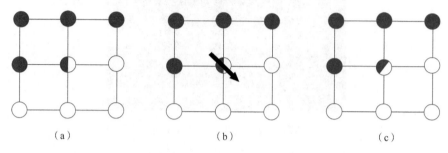

（a）　　　　　　　　（b）　　　　　　　　（c）

图 6.8　表面张力示意图

因此在模拟两不相溶流体分离过程中，计算平衡分布函数 $f_i^{eq}(x,t)$ 时，修正后的平衡速度需满足[5]：

$$u_\sigma^{eq}(x) = u(x) + \frac{\tau^\sigma F_f^\sigma}{\rho^\sigma(x)} \tag{6.6}$$

式中，τ^σ 为流体成分 σ 的松弛因子。

由于实际岩心里存在固体骨架和边界，流体和骨架及边界之间存在润湿性，还需要引入流体与骨架之间的作用力：

$$F_w(x) = -\rho^\sigma(x)\sum_i G_w^\sigma \cdot s(x+e_i)e_i \tag{6.7}$$

式中，s 为孔隙，即所计算格点邻近位置如果为孔隙，则 s 值为 0；$s=1$ 表示骨架；G_w 的取值则反映了非润湿流体脱离固体壁面的能力。当流体为非润湿流体时，G_w 取负值，润湿流体则取正值。则平衡速度需要进一步修正为

$$u_\sigma^{eq}(x) = u(x) + \frac{\tau^\sigma(F_f^\sigma + F_w^\sigma)}{\rho^\sigma(x)} \tag{6.8}$$

1. 流动液体两相分离模拟

本节中，利用 Shan-Chen 格子 Boltzmann 模型模拟了油藏中油水在自身离子键作用下分离的过程。假设在 200×200 网格的二维平面介质中，整个区域在初始时刻按 1∶1 的比例充满了油和水，密度分别为 0.95 和 1.05，并且分别给油和水的密度值加上一个随机的小扰动，采用周期边界，观察粒子密度和流体分布随着时间步的变化。图 6.9 给出了不同时间步的油水分布，随着运算步长增加，清晰地描述了油和水两相分离的过程。在初始时刻，油水均匀混合，随着模拟的推进，同相流体逐渐汇聚成小液滴，进而连接成片。在此过程中，一些液滴（水）被与其不相溶的流体（油）包裹在内，从而形成孤立液滴。当相分离发生时，粒子趋于占

据最少的面积或者长度而汇聚在一起[1]。

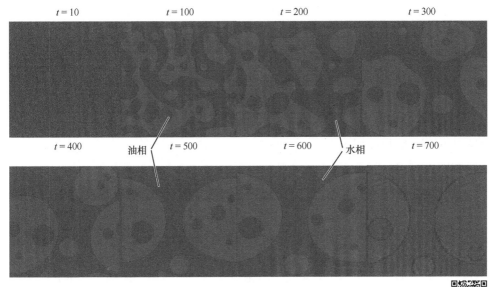

图 6.9　不同时间步的油水分布（扫码见彩图）

2. LBM 润湿性模拟

表面润湿的过程实际上是一种流体被另外一种流体逐渐取代的过程，在储层岩石孔隙中表现为油水分布变化的情况，而岩石亲水性或者亲油性由润湿性来表征。

储层岩石润湿性不是一成不变的，由于受岩石孔隙中原油组分、矿物表面和地层水的相互作用等因素影响，润湿性也可能随之发生变化。例如，如果砂岩孔隙吸附了极性化合物（表面活性剂），或者一些原油中的有机物在外界条件影响下开始沉积，导致砂岩的润湿性由亲水变成亲油。

润湿性是控制油和水在孔隙中的分布、流动的重要表征参数，储层中岩石的润湿性大致可分为以下几种[6]。

1）油湿、水湿与中性润湿

润湿性是指多种非混相流体流动时，一种流体沿固体表面延展或附着的倾向性。储层岩石沉积物源不同，岩石结构也各不相同，导致不同类型储层岩石的润湿性差别很大。而储层岩石的润湿性对油（气）和水的分布及流动特性起着重要作用。根据岩石中油和水的润湿关系，可分为强亲水、中性润湿和强亲油。

在表面张力作用下，润湿相更易附着在固体表面。当岩石为水湿时，水更易于向较小孔隙和喉道前进，而非润湿性的油会被水推向更宽阔的孔隙空间从而占据喉道的中间位置。而油湿储层岩石的情形则刚好相反，油具有占据小孔隙的趋势。在石油开采过程中，在水力驱替的作用下，水湿储层中，水优先进入小的喉道，将油挤压向大的孔隙；而在油湿储层中，情况则会相反。因此水湿储层具有更高的原油采收率。

2) 部分润湿

由于沉积环境、岩石骨架和吸附物的差异，岩石的润湿性可能不是单一润湿或者非润湿的。例如，砂岩的某一部分可能是亲油，而另一部分则是亲水的，那么就会出现岩石的不同部分具有不同的润湿性的情况，这时则称岩石为部分润湿的，也可称为选择性润湿。

3) 混合润湿

由于岩石骨架中孔隙和喉道的大小并不均一，在小孔亲水的情况下，大孔和喉道是亲油的，这种情况称为混合润湿。混合润湿与部分润湿有相通之处，可以看作是岩石润湿性的特殊类型。但是，在驱替过程中，部分润湿的岩石并不能形成连续的油湿通道。

在多孔介质中的两相流体系统一直都包含一个固体相，因此，三个界面张力同时存在，三者在接触线上存在一个平衡状态，如图 6.10 所示。

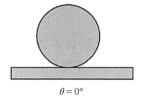 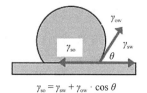 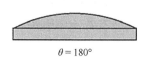

$$\theta = 0° \qquad \gamma_{so} = \gamma_{sw} + \gamma_{ow} \cdot \cos\theta \qquad \theta = 180°$$

图 6.10　接触线上的平衡

γ_{so} 为固体和油之间的界面张力；γ_{sw} 为固体和水之间的界面张力；γ_{ow} 为油和水之间的界面张力；θ 为接触角

为了保持系统平衡，三个界面张力间的关系为

$$\gamma_{so} = \gamma_{sw} + \gamma_{ow} \cdot \cos\theta \tag{6.9}$$

图 6.11 描述的是不同的多孔介质中的不同润湿状态。纯净的砂岩一般是水湿的，但是大多数储层岩石并不是完全水湿。

图 6.12 描述了两相流 LBM 模拟润湿性接触角不断变化的过程。图中每幅图代表了一个横截面。初始时刻油的分布是一个正方形，随着时间步的推进，油、水和固体达到相间平衡。图 6.12(a) 给出了接触角为 120° 的接触关系，油为润湿相，水为非润湿相，骨架为油湿。如图 6.12(b) 所示，岩石骨架为中性润湿，此时油的分布为半球状态，接触角为 90°。随着润湿性的不断变化，岩石骨架变为水湿，如图 6.12(c) 所示。接触角不断变小，直至最后岩石骨架变为完全水湿，油滴从底部分离，形成一个球形泡沫，如图 6.12(d) 所示。因此，这个过程不仅描述了接

触角的变化，而且能用于模拟大尺度的润湿性变化。

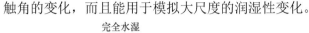

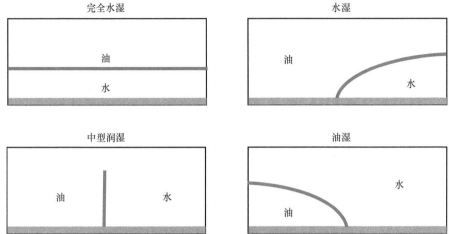

图 6.11　多孔介质中不同润湿状态下油水分布

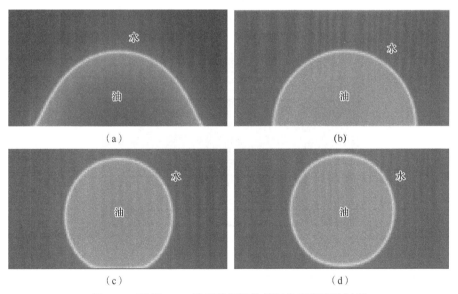

图 6.12　两相 LBM 模拟的润湿性接触角不断变化过程

3. 指进现象的模拟

在渗透率不同的地层中会出现宏观上的指进现象，地层中的孔喉尺寸相差越大，非均质性越强、流体间的黏度差越大，指进现象越明显。常见的互不连通不等径毛细管喉道，每根毛细管喉道的尺寸都不一样。初始状态下，喉道里饱和水，在压力梯度的作用下，进行两相油驱水模拟，模拟结果如图 6.13 和图 6.14 所示。

不同的喉道内的油驱水速度不同，出现了实验室内经常出现的微观指进现象，随着时间的推进，指进现象越来越明显。如图 6.13 所示，管道壁亲水时，在大的孔径中，油驱水的流速较大，而在小半径的喉道里油驱水的流速相对较小，不同孔径中的两相流动界面位置存在落差，出现了黏性指进现象。并且在油驱水的初始时刻，油同时进入不同孔径的喉道中，随着时间的增加，不同孔径中的油水界面位置间的差距越来越大，黏性指进现象越来越明显。

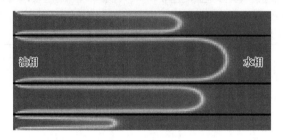

图 6.13　亲水性喉道中的黏性指进现象

　　如图 6.14 所示，喉道壁亲油时，在大的孔径中，油驱水的流速较大，而在小半径的喉道里油驱水的流速相对较小，不同孔径中的两相流动界面位置存在落差，出现了黏性指进现象。与亲水性喉道油驱水时的界面剖面相类似，但是可以明显看出接触角的不同。

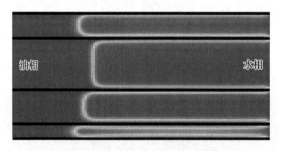

图 6.14　亲油性喉道中的黏性指进现象

4. 润湿性对驱油效果的模拟

　　孔隙介质中的油水流动包括两种类型：渗吸和驱替。当润湿性流体取代喉道中的非润湿性流体时，发生渗吸现象；而当非润湿相流体意图取代喉道中的润湿性流体时，则发生驱替现象。以图 6.15 中的多孔介质模型为例，图中黑色圆形表示骨架或者边界，白色部分表示孔隙。分别假设模型中岩石骨架为强亲油性和强亲水性的，假设在初始时刻孔隙介质中饱和油，水从一端进入孔隙介质，油逐渐被水取代而从另一端流出。过程如图 6.16 所示，蓝色的代表水，红色的代表油，左一列岩石的骨架为油湿，右一列岩石的骨架为水湿。随着时间步的进行，孔隙中的油逐步被水取代，并在最后形成广阔连续的水道。在相同的压力梯度下，油湿的岩石中，此时为驱替状态，水是非润湿相。水优先从大孔径流动，会有一股水流流动较快，可以观察到有一部分油残存在孔隙之间。但是在水湿的岩石中，此时为渗吸状态。与以上不同的是，水是润湿相，水会优先进入小喉道。在这种情况下，油水界面的推进较平均、稳定，残余油饱和度少。

图 6.15　岩石模型

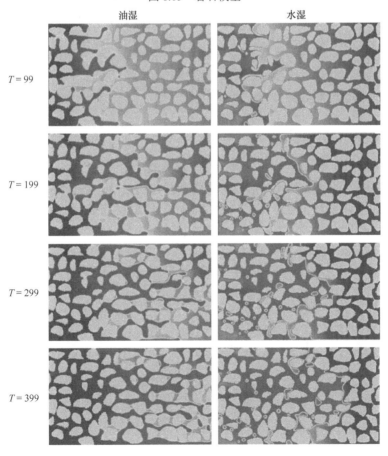

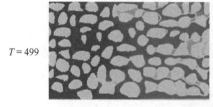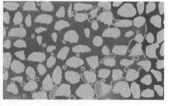

$T = 499$

图 6.16　水驱油过程中的油水分布（扫码见彩图）

T 为时间步

6.2　低孔渗气体流动的模拟

页岩气储层已经成为北美天然气开采的重要来源[7, 8]。可预见的是，将来页岩气储层在欧洲和亚洲地区的前景也会越来越好。页岩气储层作为一种非常规储层，其孔隙大多为纳米级，而且渗透率极低，所以其渗流机理与常规储层差别很大。为了提高页岩气采收率，一般采用压裂的办法，将页岩基质中的甲烷气体输出到井筒中。这样，既延伸加宽了现有的裂缝，又压裂出新的裂缝。在水平压裂的作用下，页岩储层中包含了泥岩基质和裂缝体系。本节主要研究微裂缝与泥岩基质中的渗流问题。

6.2.1　页岩储层滑脱效应

1. 滑脱效应的特征

页岩储层中，单相气体低速渗流时，液体流动速度与压力梯度的关系可表示为一上凹非线性曲线，并不符合达西定律所描述的线性关系，如图 6.17 所示。压力梯度低，呈不断增加状。压力梯度较高时，渗流曲线斜率几乎不变，整体近似呈线性关系[9, 10]。

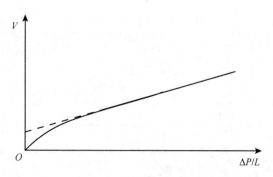

图 6.17　Klinkenberg 效应示意图

大量实验表明，岩石中低压储层气体流速超过了达西定律推算结果。滑脱效应与喉道尺寸成反比，与压力值成反比[11, 12]。

2. 滑脱效应的数学表征模型

1941 年，Klinkenberg[13]在实验中发现，低压条件下，气体流量要高于达西方程的预测值，并提出了以下公式：

$$K_g = K_l(1 + 4c\lambda / r) = K_l(1 + b/P_m) \tag{6.10}$$

$$b = 4c\lambda P_m / r \tag{6.11}$$

式中，P_m 为平均孔隙压力；K_l 为等效液体的绝对渗透率；K_g 为气体滑脱渗透率，即表观渗透率；r 为孔隙喉道半径；λ 为压力 P_m 下气体分子平均自由程；$c \approx 1$；b 为气体滑脱因子。

设 $\eta_g = 1 + b/P_m$，则式(6.10)可以写为

$$K_g = \eta_g K_l \tag{6.12}$$

3. 滑脱因子的计算

1) 实验数据回归法

实验测试获得的压力梯度关系如图 6.18 所示，通过统计拟合方法，求得直线斜率 h 和截距 k，即为滑脱因子 b 和绝对渗透率 K_l[14]。

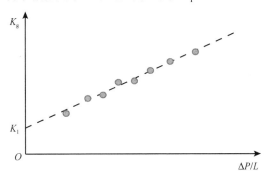

图 6.18　回归法示意图

2) 经验公式计算法

经验关系一般形式如下：

$$b = aK_l^{-c} \tag{6.13}$$

$$K_l = CK_g \tag{6.14}$$

式（6.13）和式（6.14）中，C 为 b 的函数，$C=1/(1+b/P_m)$；a、c 为拟合常数。

1980 年，Jones 和 Owens[15]对 100 多块渗透率变化范围为 0.0001～1mD 的低

渗致密气藏岩心进行了实验分析，提出了如下公式：

$$b = 0.86K_1^{-0.33} \tag{6.15}$$

1982 年，Sampath 和 Keighin[16]将孔隙度引入滑脱因子的计算中：

$$b = 0.0995(K_1 / \phi)^{-0.53} \tag{6.16}$$

式中，ϕ 为孔隙度。

Rushing 等[17]引入了含水饱和度变量：

$$b = 38\left(\frac{K}{1 - S_w}\right)^{-0.45} \tag{6.17}$$

式中，S_w 为含水饱和度。

表 6.3 为在不同类型的滑脱因子经验关系[16-20]。

表 6.3　滑脱因子经验关系

经验关系	单位	来源	计算 b
$b = 0.777K_1^{-0.39}$	atm，mD	API RP 27[19]	8.72
$b = 0.0995(K_1 / \phi)^{-0.53}$	MPa，mD	Sampath 和 Keighin[16]	2.83
$b = 6.9K_1^{-0.36}$	psi，mD	Jones[18]	5.38
$b = 0.86K_1^{-0.33}$	atm，mD	Jones 和 Owen[15]	10.06
$b = 16.4K_1^{-0.382}$ (He)	psi，mD	Jones[20]	4.41

注：用空气或氮气计算，$K_1 = 2.0\text{mD}$，$\phi = 0.1$，$b_{\text{氮气}} = b_{\text{空气}} / 0.35$；$1\text{psi} = 6.89476 \times 10^3 \text{Pa}$；$1\text{atm} = 1.01325 \times 10^5 \text{Pa}$；$1\text{D} = 0.986923 \times 10^{-12} \text{m}^2$。

6.2.2　滑脱效应的 LBM 数值模拟

1. 微尺度流动的格子 Boltzmann 模型

本节采用的是 D_2Q_9 模型，该模型的平衡分布函数如式(4.97)所示。本节中研究的是微尺度下的流动模拟，会与传统的连续性流体流动模拟有所不同。传统的格子 Boltzmann LBGK 模型中，τ 不变，但这只对几乎不可压缩流有效，微尺度流动中，密度差别可能会很大。于是在这种情况下，需要将密度变化的影响引入弛豫时间（τ）的计算，得到以下公式[21]：

$$\tau = \frac{1}{2} + \frac{\rho_{\text{ref}}}{\rho}\left(\tau_0 - \frac{1}{2}\right) \tag{6.18}$$

式中，τ 为松弛时间；τ_0 为特征松弛时间；ρ_{ref} 可以平衡量纲，在一般情况下 $\rho_{\text{ref}} = 1$。

如 4.2 节所介绍的，宏观上，流体流动的规律可以用相似准数 Re 描述，当流体流动过程中，具有相同相似准数 Re 时，流动情况相似。应用相似准数 Re 的概念，就能够在每个空间之间进行变量转换。但是对于微尺度气体流动，气体的黏度相对很小，如在这种情况下，用相似准数 Re 描述流体流动规律是不准确的。此时，用克努森数表征[22]：

$$Kn = \frac{\lambda}{L} \tag{6.19}$$

式中，λ 为气体分子平均自由程；L 为流动的特征长度。

目前在流体力学领域中，在一般情况下可以根据克努森数的大小将流体流动划分为以下几个类型[23]。

（1）$Kn<0.001$，连续介质区。

（2）$0.001<Kn<0.10$，速度滑移区。

（3）$1<Kn<100$，过渡区。

（4）$Kn>10$，自由分子区。

本节中，研究对象的克努森数范围在速度滑移区。克努森数与松弛因子之间的关系如下[21]：

$$Kn = \sqrt{\frac{\pi}{24}} \frac{(2\tau - 1)\rho_{\text{ref}}}{\rho N_{\text{H}}} \tag{6.20}$$

式中，N_{H} 为纵向的格子数。

在微尺度流的影响下，每个点的密度值都在变化，且差异比较大，导致 Kn 也在不断地变化。但是出口处的克努森数是不变的，因为出口处于标准大气压下，将式（6.18）和式（6.20）联合，就可以得到出口处的松弛因子 τ_0：

$$\tau_0 = \frac{\rho_0 N_{\text{H}} Kn_0}{\rho_{\text{ref}} \sqrt{\pi / 6}} + \frac{1}{2} \tag{6.21}$$

式中，

$$Kn_0 = \frac{\lambda}{H} = \frac{\mu \sqrt{\pi RT}}{\sqrt{2} PH} \tag{6.22}$$

其中，μ 是流体黏度；H 是出口宽度；P 是压力。

2. 边界条件处理方法

对气体微尺度流动，松弛时间由式(6.20)确定。边界条件也需要做出相应的调整。正确的边界条件可以有效地反映气体分子与管壁的相互作用情况，因此边界条件很关键，其是否准确合理决定了模拟结果是否正确。一般情况下，有以下两种滑移边界处理方法[24]。

（1）混合边界。利用反弹系数 r_b 将标准反弹边界与镜面反射边界结合起来模

拟边界条件，边界上的分布函数可以表示为

$$f_i(x_w) = (1 - r_b)f_i^{SR}(x_w) + r_b \cdot f_i^{BB}(x_w) \qquad (6.23)$$

式中，x_w 为壁面处空间格点位置；f_i^{SR} 为在 i 方向上的反射粒子；f_i^{BB} 为在 i 方向上的反弹粒子。

Tang 通过计算边界上 x、y 方向的动量交换验证反射系数和边界条件。当碰撞步结束后 y 方向的动量如果为零，则表明碰撞步后没有垂直的动量交换。在 Tang 的模拟中，取 r_b=0.7。

(2)基于 Maxwell 漫反射理论的处理方法。对现有的 LBM 中的镜面反射边界条件进行了改进，提出了一个相容系数 a，它表示镜面反射与漫反射在边界条件中所占的比例。当 a 的取值为 1 时，边界条件反映的是漫反射边界条件。当 a 的取值为 0 时，边界条件反映的是镜面反射边界条件。

滑移边界的处理采用了上述第一种边界条件，即利用反弹系数 r_b，将标准反弹边界与镜面反射边界结合起来的处理方式。

表 6.4 给出了上下边界详细的粒子分布函数关系。

表 6.4　滑移边界条件

边界	分布函数关系
上边界	$f_4 = f_2$ $f_7 = r_b f_5 + (1 - r_b)f_6$ $f_8 = r_b f_6 + (1 - r_b)f_6$
下边界	$f_2 = f_4$ $f_6 = r_b f_8 + (1 - r_b)f_7$ $f_5 = r_b f_7 + (1 - r_b)f_8$

6.2.3　LBM 数值模拟结果与分析

建立的模型纵向宽度为 2μm，纵向上格子数 N_H 为 20，横向即为压力梯度方向上格子数 N_L=2000，模拟的过程中，同时研究模拟了压力和流体速度分布，同时关注了滑脱效应和稀薄效应的影响[24]。进、出口压力分别为 P_{in} 和 P_{out}。

下面给出了加入滑脱效应的速度解析解[25]：

$$u(y) = \frac{H^2}{8\mu}\frac{dP}{dx}\left(\left(\frac{y}{H/2}\right)^2 - 1 - 4\frac{2 - \sigma_v}{\sigma_v}Kn\right) \qquad (6.24)$$

式中，σ_v 为粒子与边界的切向方向的动量交换量，本例中 σ_v 为 1。$\sigma_v = (m_i - m_r)/(m_i - m_w)$，其中 m_i、m_r、m_w 分别为入射粒子动量、反射粒子动量和边界动量。

采用式(4.95)和式(4.96)就可以得到每种气体的密度、压力、速度和流量的模拟结果。数值模拟中所需的参数如表 6.5 所示，模拟结果如图 6.19～图 6.21 所示。

　　图 6.19 为氢气的横向速度 U_x 的全流场分布图。从图中可知，U_x 横向速度在任意横切面上都是抛物线型。并且 U_x 在压力梯度方向上，不断增加。出口处速度 U_x 明显比入口处速度大很多。

　　如图 6.20 所示，分别为 r_b=0.2、r_b=0.4、r_b=0.6、r_b=0.7、r_b=0.85 边界条件下的氢气数值模拟的结果对比。从图中可以看出，由于滑移边界的加入边界处的速度变大，中间部分流动速度也在增加，很好地说明滑脱效应引起了微喉道的渗透率增大。反弹系数 r_b 越小，边界处的流体滑移效应更明显，中心轴处流体速度越大，与理论值相差很大，这说明了 r_b 值选取的重要性，只有当 r_b 选取得当时，才能准确模拟出滑移效应对边界速度的影响。当 r_b=0.7 时，与解析解结果较符合。

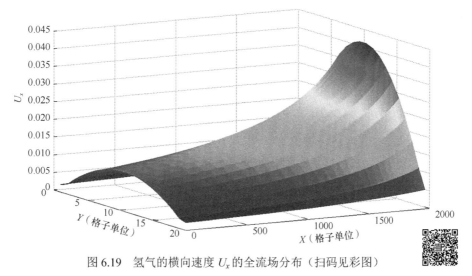

图 6.19　氢气的横向速度 U_x 的全流场分布（扫码见彩图）

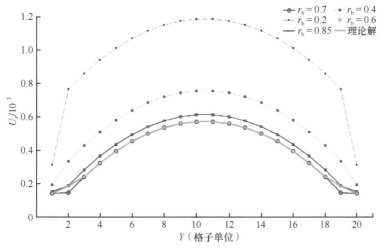

图 6.20　不同条件下氢气 LBM 数值模拟与解析解结果比较

　　图 6.21 为 H_2、N_2 和 He 三种气体在相同压力梯度下流动方向速度模拟结果的比较。其中，在摩尔质量上，H_2＜He＜N_2；在分子自由程上，He＞H_2＞N_2。那就意味着，氦气的分子自由程与流动尺度最接近，其次是氢气，再次是氮气。克努森数上，氦气最大，其次是氢气，最后是氮气。而 LBM 数值模拟结果可以看出，流动方向上的速度也是 He＞H_2＞N_2。在相同的尺度下，分子自由程越大，滑脱效应越明显。这与滑脱效应理论特点描述相符合。也可以换种角度思考，流动的气体不变，相同的压力梯度下，当尺度比较小时，滑脱效应较明显。除此之外，从图中还可以看出，在相同的反弹因子，压力梯度一样，流动尺寸不变的情况下，边界处滑移速度是相同的，进一步说明了边界滑脱效应影响下的滑移速度对小范围的克努森数变化并不敏感也说明了取 r_b=0.7 的正确性。

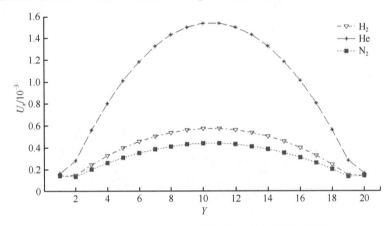

图 6.21　H_2、N_2 和 He 三种气体流动速度模拟结果

表 6.5　常温常压下 H_2、N_2 和 He 的物性参数及计算参数

物理参数	氢气（H_2）	氮气（N_2）	氦气（He）
动力黏度（μ）/(Pa·s)	8.8×10^{-6}	1.66×10^{-5}	1.96×10^{-5}
气体常数（R）/[J/(kg·K)]	4124	296.7	2079
出口压力（P）/Pa	1.013×10^5	1.013×10^5	1.013×10^5
温度（T）/K	293	293	293
密度（ρ）/(kg/m³)	0.09	1.25	0.179
分子平均自由程（λ）/μm	0.11968	0.060555	0.18926
克努森数（Kn_0）	0.05984	0.030277	0.09463
松弛时间（τ_o）	0.6489	1.5461	0.9682

参 考 文 献

[1] 朱益华, 陶果, 方伟. 基于格子 Boltzmann 方法的储层岩石油水两相分离数值模拟. 中国石油大学学报(自然科学版), 2010, 34(3): 48-52

[2] Sukop M C, Huang H, Lin C L, et al. Distribution of multiphase fluids in porous media: Comparison between lattice Boltzmann modeling and micro-X-ray tomography. Physical Review E, 2008, 77(2): 026710

[3] Oak M J. Three-Phase Relative Permeability of water-wet Berea. SPE/DOE Enhanced Oil Recovery Symposium, Tulsa, 1990: 100-120

[4] Hu D. Micro-CT imaging and pore network extraction. London: Imperial College London, 2007

[5] Shan X, Chen H. Lattice Boltzmann model for simulating flows with multiple phases and components. Physical Review E, 1993, 47(3): 1815-1819

[6] 吴志宏, 牟伯中, 王修林, 等. 油藏润湿性及其测定方法. 油田化学, 2001, 18(1): 90-95

[7] 胡文瑞, 鲍敬伟. 探索中国式的页岩气发展之路. 天然气工业, 2012, 33(1): 1-7

[8] 董大忠, 邹才能, 李建忠, 等. 页岩气资源潜力与勘探开发前景. 地质通报, 2011, 30(2): 324-326

[9] 朱益华, 陶果, 方伟, 等. 低渗气藏中气体渗流 Klinkenberg 效应研究进展. 地球物理学进展, 2007, 22(5): 1591-1596

[10] 张居增. 气藏非线性渗流数值模拟技术研究. 成都: 西南石油学院, 2004

[11] 孔祥言. 高等渗流力学. 北京: 中国科学技术大学出版社, 1999

[12] 贝乐·J. 多孔介质流体动力学. 李竞生, 陈崇希, 译. 北京: 中国建筑工业出版社, 1983: 153-269

[13] Klinkenberg L J. The permeability of porous media to liquids and gases. API Drilling and Production Practice, 1941, 1(2): 200-213

[14] 何更生. 油层物理. 北京: 石油工业出版社, 1994

[15] Jones F O, Owens W W. A laboratory study of low-permeability gas sands. Petroleum Technology, 1980, 32(9): 1631-1640

[16] Sampath K, Keighin C W. Factors affecting gas slippage in tight sandstones of Cretaceous age in the Uinta Basin. Petroleum Technology, 1982, 34(11): 2715-2720

[17] Rushing J A, Newsham K E, Van Fraassen K C. Measurement of the two-phase gas slippage phenomenon and its effect on gas relative permeability in tight gas sands. SPE Annual Technical Conference & Exhibition, Denver, 2003, SPE-84297-MS

[18] Jones S C. A rapid accurate unsteady-state Klinkenberg permeameter. Society of Petroleum Engineers Journal, 1972, 12(5): 383-397

[19] API RP 27. Recommended practice for determining permeability of porous media, 3rd edition. Washington DC: API, 1956

[20] Jones S C. Using the inertial coefficient, ß, to characterise heterogeneity in reservoir rock. SPE Annual Technical Conference and Exhibition, Dallas, 1987: 165-174

[21] Tang G H, Tao W Q, He Y L. Lattice Boltzmann method for simulating gas flow in microchannels. Modern Physics C, 2004, 15(2): 335-347

[22] Knudsen M H C. The kinetic theory of gases. Chemical Physics, 1950, 22(2): 307

[23] Wang B X. Transport phenomena science and technology. Beijing: Higher Education Pr., 1992: 1-15

[24] 田智威, 郑楚光, 王小明. 过渡区气体微尺度流动的格子 Boltzmann 模拟. 力学学报, 2009, 41(6): 828-834

[25] Arkilic E B, Schmidt M A, Breuer K S. Gaseous slip flow in long microchannels. Microelectromechanical Systems, 1995, 6(2): 167-178

第7章　岩石核物理特性模拟与计算

中子是在 1932 年被发现的，中子被发现后不久人们就相信，低能中子可以作为一种工具用来研究物质的微观结构和物质成分[1-3]。中子与地层的相互作用与中子能量有关，中子按其能量分类如表 7.1 所示。

表 7.1　中子分类及其能量[4]

中子分类	数值或数量级
高能中子	>10MeV
中能中子	100eV～20keV
低能中子	meV—eV
快中子	20keV～10MeV
慢中子	0～1000eV
高超热中子	1000～100000eV
超热中子	0.0253～100eV
热中子	0.0253eV
冷中子	<0.005eV
甚冷中子	0.0001～0.0000001eV
超冷中子	<0.0000001eV

不同能量的中子与地层发生不同的核反应。中子测井[5-7]中常用的是 14MeV 的快中子源和同位素中子源，能量为 14MeV 的高能快中子在地层中首先发生非弹性散射，并且损失大量能量，然后发生弹性散射[8]而继续减速。快中子弹性散射过程纯粹是一个减速过程，直至变成热中子。热中子在地层中不再减速，而像气体分子一样处于扩散状态，从中子密度大的区域向中子密度小的区域扩散。热中子在扩散时会发生弹性散射、辐射俘获等核反应。核物理中常用平均对数能量减缩 ζ 来表示物质对中子的减速能力。ζ 是每次碰撞前后中子能量的自然对数之差的平均值，按式 (7.1) 计算：

$$\zeta = 1 + \frac{(A-1)^2}{2A} \ln \frac{A-1}{A+1} \tag{7.1}$$

当 $A>10$ 时，可近似为

$$\zeta = \frac{2}{A + \frac{2}{3}} \tag{7.2}$$

式(7.1)和式(7.2)说明 ζ 值与中子能量无关,它随散射核质量数 A 的增加而减小。按此计算,氢、碳、氧、镁、铝、硅和钙的 ζ 值分别为1、0.158、0.120、0.075、0.070、0.070 和 0.050。因此,氢是岩石中的主要减速元素。

表 7.2 详细列出了 $^{1}_{1}H$、$^{12}_{6}C$、$^{16}_{8}O$、$^{28}_{14}Si$ 和 $^{40}_{20}Ca$ 等地层中的常见元素与热中子的各类核反应截面,以及这些元素在自然界中的丰度。从表中可以看出,$^{1}_{1}H$ 元素与热中子的核反应截面直接比其他 4 种元素对热中子的核反应截面要高出一个数量级。并且表中所列出的 5 种元素的丰度在自然界占有绝对的比例。对于实际的油气储层,储层基质中一般不含 H 元素,而在储层孔隙流体中却含有大量的 H 元素。因此,当采用热中子对储层岩心进行探测时,发射的热中子主要与岩心孔隙流体中的 H 元素发生反应。

表 7.2　H、C、O、Si 和 Ca 分别与热中子的核反应截面及各元素相应的天然同位素丰度[9, 10]

核素	总截面/b	弹性散射截面/b	非弹性散射截面/b	俘获截面/b	元素丰度/%
$^{1}_{1}H$	2.076834×10^{1}	2.043633×10^{1}	—	3.320126×10^{-1}	99.99
$^{12}_{6}C$	4.742600	4.739240	3.360000×10^{-3}	3.360000×10^{-3}	98.93
$^{16}_{8}O$	3.852000	3.851810	1.900000×10^{-4}	1.900000×10^{-4}	99.76
$^{28}_{14}Si$	0.000000	0.000000	0.000000	0.000000	92.22
$^{40}_{20}Ca$	2.399990×10^{-3}	0.000000	2.399990×10^{-3}	0.000000	96.94

注: $1b = 1 \times 10^{-24} cm^2$。

本节前半部分介绍了中子与原子核的相互作用,实际上是一个中子和一个原子核的相互作用,属于微观中子物理。而中子进入地层后,中子是与大块物质即与大量原子核相互作用。中子在地层内的减速、扩散属宏观现象,需要用宏观中子物理的概念来解释。在宏观中子物理中,经常要考虑中子的宏观核反应截面,式(7.3)是物质与中子的宏观核反应截面公式[11]:

$$\Sigma = \frac{\rho N_A}{A} \sum_{i=1}^{n} l_i \sigma_i \tag{7.3}$$

式中, ρ 为分子的密度; N_A 为阿伏伽德罗常量; A 为相对分子质量; n 为分子中原子的种类数; l_i 为单个分子中第 i 种原子的个数; σ_i 为分子中第 i 种原子对热中子的核反应截面。

在砂岩和碳酸盐岩储层中的主要骨架物质成分分别是 SiO_2 和 $CaCO_3$,孔隙中的流体主要有 H_2O、CH_4 和油等。由式(7.3)结合表 7.2 可以算出 SiO_2、$CaCO_3$、H_2O 和 CH_4 与热中子的宏观总核反应截面分别为: $\Sigma_{SiO_2} = 0.20 cm^2$, $\Sigma_{CaCO_3} = 0.27 cm^2$, $\Sigma_{H_2O} = 1.52 cm^2$, $\Sigma_{CH_4} = 0.0022 cm^2$,其中 CH_4 是在标准大气压下的状态。因此,岩心孔隙中的 H_2O 与热中子的宏观总核反应截面要远大于岩心骨架的相应核反应截面，而岩心孔隙中的 CH_4 与热中子的宏观总核反应截面要远小于岩心骨架的相应核反应截面。

7.1　蒙特卡洛方法

7.1.1　基本原理

蒙特卡洛方法[12, 13]的实质是通过大量随机试验，利用概率论解决问题的一种数值方法，基本思想是针对某一具体问题，通过建立一个概率模型或随机过程模型，使其参数等于实际问题的解。蒙特卡洛方法通过抓住事物运动的几何数量和几何特征，利用数学方法来加以模拟，即进行一种数字模拟实验。它是以一个概率模型为基础，按照这个模型所描绘的过程，通过模拟实验的结果，作为问题的近似解。蒙特卡洛方法计算的结果收敛的理论依据来自大数定律[14]，且结果渐进地服从正态分布的理论依据是中心极限定理[15]。以上两个属性都是渐进性质，要进行很多次抽样，此属性才会比较好地显示出来，如果蒙特卡洛计算结果的某些高阶矩存在，即使抽样数量不太多，这些渐进属性也可以很快地达到。

蒙特卡洛方法解题主要分为以下三步。

(1) 构造或描述概率过程。对于本身就具有随机性的问题，如粒子(中子、光子等)输运，主要是正确描述和模拟这个随机过程。对于确定性问题，如计算定积分，就必须先构造一个人为的概率过程，它的某些参量正好是所求问题的解，即将原来的问题转化为随机问题。

(2) 实现从已知概率分布抽样。构造了概率模型以后，由于各种概率模型都可看作是由各种各样概率分布构成的，因此产生已知概率分布的随机变量(或随机向量)，就成为实现蒙特卡洛方法模拟实验的基本手段，这也是蒙特卡洛方法被称为随机抽样的原因。最简单、最基本、最重要的一个概率分布是 $(0, 1)$ 上的均匀分布(或称矩形分布)。随机数就是具有这种均匀分布的随机变量。随机数序列就是具有这种分布的总体的一个简单子样，也就是一个具有这种分布的相互独立的随机变数序列。产生随机数的问题，就是从这个分布的抽样问题。在计算机上，可以用物理方法产生随机数，但价格昂贵，不能重复，使用不便。另一种方法是用数学递推公式产生，这样产生的序列，与真正的随机数序列不同，所以称为伪随机数，或伪随机数序列。不过，经过多种统计检验表明，它与真正的随机数，或随机数序列具有相近的性质，因此可把它作为真正的随机数来使用。由已知分布随机抽样有各种方法，与从 $(0, 1)$ 上均匀分布抽样不同，这些方法都是借助于随机序列来实现的，也就是说，都是以产生随机数为前提的。由此可见，随机数是实现蒙特卡洛模拟的基本工具。

(3)建立各种估计量。一般情况下，构造了概率模型并能从中抽样后，就要确定一个随机变量，作为所要求问题的解的估计量。如果这个随机变量的期望正好是所求问题的解，则称之为无偏估计。建立各种估计量，相当于对模拟实验的结果进行考察和登记，从中得到问题的解。

7.1.2　粒子输运模拟

蒙特卡洛方法模拟粒子输运过程可采用直接模拟法、加权法和统计估计法。但因为直接模拟法是模拟粒子在介质中运动的真实物理过程，比较直观、易懂，本书采用这种方法模拟热中子对岩心的探测。Carter 和 Cashwell[16]详细讲述了采用蒙特卡洛方法模拟热中子与物质的作用过程，下面针对本书的模拟实验做相关原理和方法介绍。

粒子在介质中运动的状态，可以用组参数(状态参数)来描述，通常包括粒子的空间位置 r、能量 E 和运动方向 Ω，即

$$S = (r, E, \Omega)$$

一个由中子源发出的中子在介质中运动，通常会经过若干次碰撞。模拟中两次碰撞之间粒子直线运动，方向、能量不变，因此粒子在介质中的运动就可以用各碰撞点的状态参数序列来描述，如

$$S_0, S_1, S_2, \cdots, S_{m-1}, S_m$$

此处 S_0 是从源发出的中子入射介质表面时的状态，即初始状态，S_m 为末状态。式(7.5)表示的序列称为中子随机游动的历史。因此，模拟一个中子的运动过程，就变成确定状态序列的问题。以下简要介绍了模拟的过程。

1. 确定初始状态 S_0

设中子源的空间、能量和方向分布为

$$S(z_0, E_0, \cos \alpha_0) = S_1(z_0)S_2(E_0)S_3(\cos \alpha_0)$$

式中，α_0 为中子从源中发射的方向与法线方向的夹角。

源分布归一到单位源强度，即

$$\iiint S \mathrm{d}z_0 \mathrm{d}E_0 \mathrm{d}\cos \alpha_0 = 1$$

这表示源分布 $S(z_0, E_0, \cos \alpha_0)$ 是一个概率密度函数。从源发出的一个中子，实际上就是由源分布抽样得到 $S_0 = S(z_0, E_0, \cos \alpha_0)$。

2. 碰撞位置抽样

要确定中子从状态 S_{m-1} 到状态 S_m 的位置，就要求取下一个碰撞点的坐标 z_m。设介质的总截面为 $\sum_t(E)$，能量为 E 的中子在下次碰撞前的飞行长度 L 的抽样可由下式得到：

$$L_f = -\frac{1}{\sum_t(E)} \ln \xi$$

设该中子飞行方向与法线方向夹角为 α_{m-1}，上次作用点在法线方向的坐标为 z_{m-1}，则碰撞位置在法线方向的坐标为

$$z_m = z_{m-1} + L_f \cos \alpha_{m-1} = z_{m-1} + \frac{\ln \xi}{\sum_t(E)} \cos \alpha_{m-1} \qquad (7.4)$$

上述对飞行长度 L 的抽样有多种方法[16, 17]，本书实验采用的是接受/拒绝抽样法。

3. 确定碰撞的原子核

介质一般是由几种不同的原子组成。中子与核碰撞，先要确定与哪种核碰撞，然后才能确定碰撞类型、碰撞后中子的能量与运动方向。

设介质由 A、B、C 三种原子组成，则介质的中子总截面为

$$\sum_t(E_{m-1}) = \sum_t^A(E_{m-1}) + \sum_t^B(E_{m-1}) + \sum_t^C(E_{m-1})$$

式中，$\sum_t^A$、$\sum_t^B$、$\sum_t^C$ 分别为核 A、B、C 的宏观总截面。

中子与原子核碰撞的概率是

$$p_i = \sum_t^i(E_{m-1}) / \sum_t(E_{m-1}), \qquad i = A, B, C$$

式中，E_{m-1} 为中子进行第 $m-1$ 次碰撞时的能量

显然有 $p_A + p_B + p_C = 1$，利用离散变量抽样方法可确定与中子作用的核是 A、B、C 中的哪一种。

4. 确定碰撞类型

确定了与中子相互作用的是哪一种原子核之后，下一步就得确定相互作用的性质，如弹性散射、辐射俘获等。由于发生相互作用的概率与相应的截面成正比，可采用类似于确定碰撞核的抽样技巧确定碰撞类型。如抽样得到碰撞类型为中子被俘获，则这一中子历史终结，否则继续追踪。

5. 确定弹性散射后中子的能量和方向

一般情况下，中子的弹性散射角分布是在实验室中用微分截面形式给出，经抽样得到中子散射前后方向间夹角 θ_L 的余弦 $\mu_L = \cos\theta_L$，再由球面三角公式求出中子运动方向与 z 轴的夹角 α_m 的余弦 $\cos\alpha_m$，进而确定 α_m。最后由下式确定能量 E_m，即

$$E_m = \frac{E_{m-1}}{(A+1)^2}\left(\cos\theta_L + \sqrt{A^2-1+\cos^2\theta_L}\right)^2$$

至此，由 S_{m-1} 完全可以确定 S_m。因此，一旦 S_0 由源分布确定，就可以得到源中子的游动历史：

$$\begin{pmatrix} z_0 & z_1 & \cdots & z_m & \cdots & z_{m-1} & z_m \\ E_0 & E_1 & \cdots & E_m & \cdots & E_{m-1} & E_m \\ \cos\alpha_0 & \cos\alpha_1 & \cdots & \cos\alpha_m & \cdots & \cos\alpha_{m-1} & \cos\alpha_m \end{pmatrix} \tag{7.5}$$

这就是模拟了一个由源发射的中子的运动过程。

以上模拟过程可分为两大步：第一步由源分布来确定源中子的状态 S_0；第二步由 S_{m-1} 来确定 S_m。其中第二步又可分为两个过程：第一，由 z_{m-1} 确定 z_m，称为空间输运过程；第二，由 E_{m-1} 和 $\cos\alpha_{m-1}$ 确定 E_m 和 $\cos\alpha_m$，称为碰撞过程。以后就重复这两个过程，直到中子历史终止。

7.1.3　岩心三维重建

采用微米 X 射线 CT 分别对来自中国西部某地区的碳酸盐岩岩心和砂岩岩心进行扫描和图片处理后即可获得本书所用的岩心图片(图 7.1，图 7.2)。其中碳酸

　　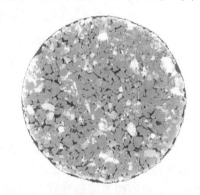

图 7.1　碳酸盐岩岩心二维扫描截面图　　　图 7.2　砂岩岩心二维扫描截面图
分辨率为 2.2046μm　　　　　　　　　　　分辨率为 1.76μm

盐岩扫描图片的分辨率为 2.2046μm，砂岩扫描图片的分辨率为 1.76μm，碳酸盐岩图片的分割阈值为 0.208，砂岩图片的分割阈值为 0.643。

以其中的碳酸盐岩岩心为例，采用微米 CT 扫描出的每张灰度图尺寸为 2026像素×1980 像素，选取其中经过上述图片处理的连续 400 张图片，并且在每张图片截面的相同位置截取大小为 400×400 的小图片（图 7.3）。这样连续的 400 张二值化后的小图片即可拼接成一个 400×400×400 的数字岩心，并且可以在计算机中反映出实际岩心相应位置的复杂孔隙结构。图 7.4 是采用同样的方法对砂岩图片二值化后的结果。

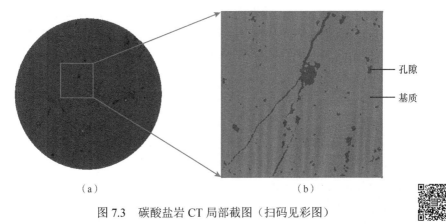

（a）　　　　　　　　　　　　　　（b）

图 7.3　碳酸盐岩 CT 局部截图（扫码见彩图）

（a）其中一张碳酸盐岩心的二维扫描截面图，分辨率为 2.2046μm；（b）二值化后的图像，蓝色部分代表孔隙，灰色部分代表基质

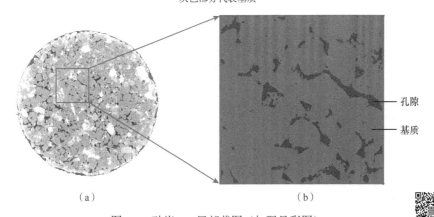

（a）　　　　　　　　　　　　　　（b）

图 7.4　砂岩 CT 局部截图（扫码见彩图）

（a）其中一张砂岩岩心的二维扫描截面图，分辨率为 1.76μm；（b）二值化后的图像，蓝色部分代表孔隙，灰色部分代表基质

由二值化后的图片构建三维数字岩心的流程如下。以碳酸盐岩为例，由上述连续的 400 张二值化后的小图片可以构成一个像素为 400×400×400 的带有相对

位置信息的数据体。然后把该数据体孔隙中的物质定义成相应实际岩心孔隙流体中的物质(此处为 H_2O)，把该数据体骨架中的物质定义成相应实际岩心骨架中的物质(此处为 $CaCO_3$)，即可构建出一个定义有实际物质成分的碳酸盐岩数字岩心。图 7.5 所示为其中一个碳酸盐岩数字岩心，孔隙度为 0.0535。当在扫描岩心的不同位置截取不同的岩心图片，并且经过上述图片处理和三维重建，即可构建出一系列孔隙度不同的碳酸盐岩数字岩心。我们一共构建出 14 个碳酸盐岩数字岩心以备后用。对砂岩岩心采用同样的 CT 扫描和岩心图片处理、三维重建，即可构建出一系列的砂岩数字岩心。图 7.6 所示为其中一个砂岩数字岩心，孔隙度为 0.1407。对比图 7.5 和图 7.6 可以看到，砂岩内部的孔隙大致是均匀分布，而碳酸盐岩却显示出了极强的非均质性和各向异性。图 7.5 中大致沿 Y 轴方向有一条细微的裂缝，此裂缝使该碳酸盐岩岩心的孔隙度在不同的方向上分布极不均匀，并且该岩心沿 Y 轴和 Z 轴方向上的渗透率远大于沿 X 轴方向上的渗透率。

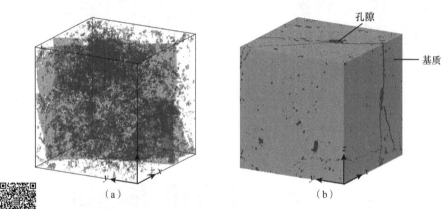

图 7.5　基于微米 CT 三维重建的碳酸盐岩数字岩心（扫码见彩图）

岩心尺寸为 400×400×400，分辨率为 2.2046μm。(a)岩心内部孔隙分布，其中蓝色部分为孔隙；(b)岩心表面图

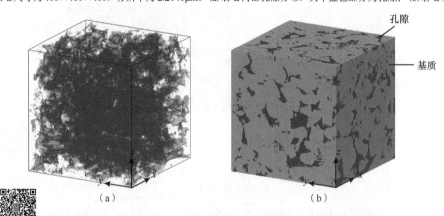

图 7.6　基于微米 CT 三维重建的砂岩数字岩心（扫码见彩图）

岩心尺寸为 400×400×400，分辨率为 1.76μm。(a)岩心内部孔隙分布，其中蓝色部分为孔隙；(b)岩心表面图

在此特别说明，实际储层中的物质成分非常复杂，因此在不影响岩心对热中子的核物理性质的前提下，研究中只考虑岩心中的主要物质成分。在碳酸盐岩数字岩心模型中的基质和孔隙流体的物质成分分别被定义为 $CaCO_3$ 和 H_2O；在砂岩数字岩心模型中的基质和孔隙流体的物质成分分别被定义为 SiO_2 和 H_2O。并且在岩心基质和孔隙流体中的物质都是均匀分布的。

7.1.4　核探测模型

为了探测岩心的非均质性、各向异性及物质成分，本书构建了一个模拟热中子对岩心进行探测的模型（图 7.7）。模型中右端热中子源发射的热中子束垂直于岩心表面对岩心进行照射，如图 7.7 中的绿色部分。左端阵列探测器只接收能量为 0.0250～0.0256eV 的热中子。每次模拟，热中子出射方向都相同，能量为 0.0253eV，并且随机均匀地分布在热中子源的方形平面上。热中子束主要与岩心中的孔隙流体发生弹性散射等反应，发生反应后的热中子运动方向和能量会发生改变，因此不会被探测器探测到。而未与岩心发生反应的热中子会直接穿过岩心，并且被探测器探测到。因此，阵列探测器能够记录未发生反应的热中子的分布。一般情况下，岩心相应截面上的孔隙分布越大，则相应截面部位发生反应的热中子越多，探测器在岩心相应截面上探测到的热中子越少。

在此特别说明，每次模拟都发射四千万个热中子，并且阵列探测器的分辨率为 17.6368μm，具体原因在 7.3 节将作专门分析。

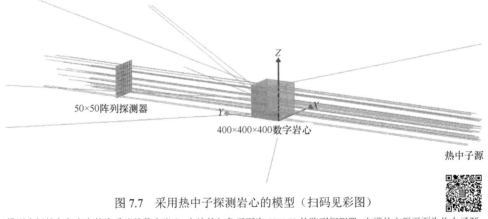

图 7.7　采用热中子探测岩心的模型（扫码见彩图）

模型中间的灰色立方体为重建的数字岩心，左边的红色平面为 50×50 的阵列探测器，右端的方形平面为热中子源，图中绿线为发射的热中子束。整个模型设定为常温、常压下。探测器、岩心模型和热中子源在同一条直线上，并且它们在垂直于热中子束的截面上大小相同

由于碳酸盐岩岩心有极强的非均质性和各向异性，所以模拟探测主要针对碳酸盐岩岩心。模拟操作的具体流程如下，首先使用热中子束照射一个只含岩

心基质，孔隙度为零的岩心模型，并且采用阵列探测器探测未与岩心发生反应的热中子的分布。然后把三维重建好的碳酸盐岩模型放入图 7.7 中的岩心位置，并且分别模拟热中子束沿着岩心 X、Y 和 Z 轴方向对岩心进行照射和探测。最后，采用热中子束照射纯基质岩心所探测到的热中子分布的数据分别减去沿岩心 X、Y 和 Z 轴方向对岩心进行照射所探测到的热中子束分布的数据。经过上述模拟和数据处理即可得到阵列探测器分别在岩心 YZ、XZ 和 XY 平面上的计数差的分布。

7.1.5　方法验证

7.1.4 节介绍了采用热中子透射探测岩心的方法。本节采用定量分析来验证此方法的有效性。分别选取了上述的 4 个碳酸盐岩岩心和 4 个砂岩岩心。对这些岩心分别采用上述核探测模型进行探测，此处采用 8×8 的阵列探测器。图 7.8 为在图 7.7 上修改后的模拟示意图，该模拟示意图只显示了探测器部分和岩心部分，灰色部分表示 400×400×400 的数字岩心，该数字岩心被平均分成了 8×8 的 64 个小长条，图中左侧为岩心尺寸对应的 8×8 阵列探测器。

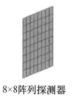
8×8阵列探测器

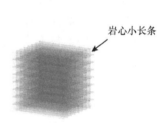
岩心小长条
400×400×400数字岩心

图 7.8　采用 8×8 的阵列探测器探测岩心示意图（扫码见彩图）

当热中子分别沿着岩心的 X、Y 和 Z 轴方向进行透射时，分别在相应截面上将岩心平均分成 8×8 的 64 个小长条，计算出每个岩心小长条的孔隙度，其分布如图 7.9 中的 (a)、(c) 和 (e)，以及图 7.10 中的 (a)、(c) 和 (e) 所示。图中的数字表示相应位置处岩心小长条的孔隙度。图 7.9 中的 (b)、(d) 和 (f)，以及图 7.10 中的 (b)、(d) 和 (f) 分别表示岩心小长条对应位置处的热中子计数差。在图 7.9 中可以看到，岩心孔隙度的分布与相应位置处热中子计数差的分布几乎是一致的，在图 7.10 中我们可以看到同样的现象。

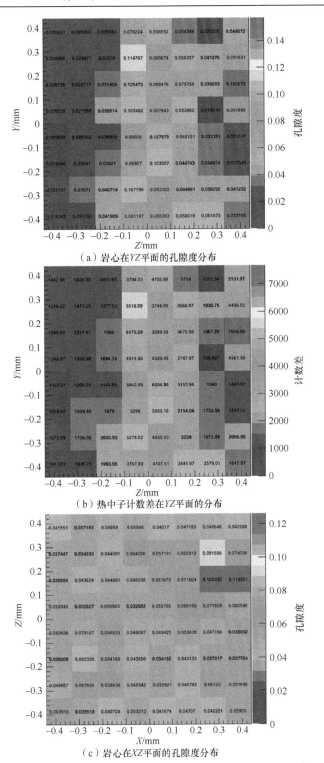

（a）岩心在YZ平面的孔隙度分布

（b）热中子计数差在YZ平面的分布

（c）岩心在XZ平面的孔隙度分布

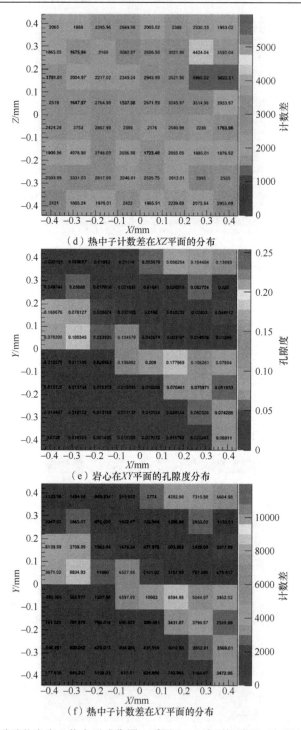

(d) 热中子计数差在XZ平面的分布

(e) 岩心在XY平面的孔隙度分布

(f) 热中子计数差在XY平面的分布

图 7.9 碳酸盐岩岩心热中子成像图，采用 8×8 阵列探测器（扫码见彩图）

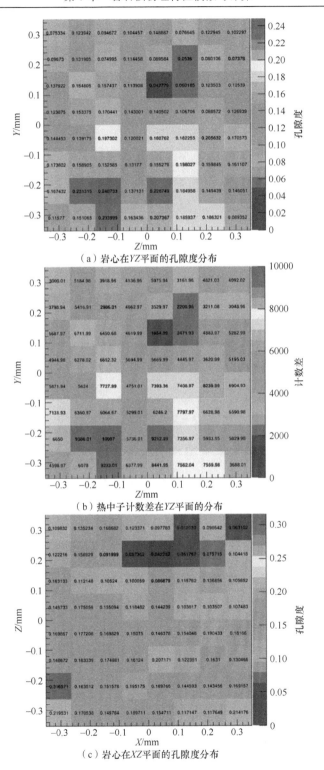

（a）岩心在YZ平面的孔隙度分布

（b）热中子计数差在YZ平面的分布

（c）岩心在XZ平面的孔隙度分布

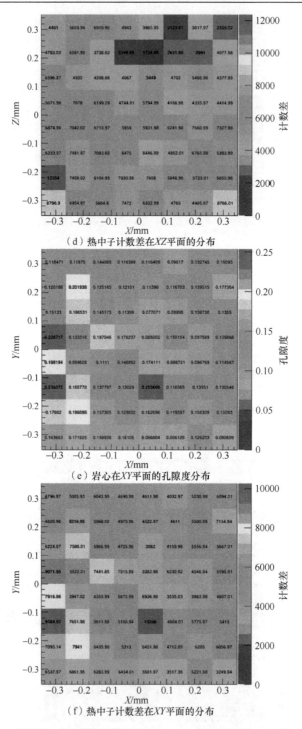

（d）热中子计数差在XZ平面的分布

（e）岩心在XY平面的孔隙度分布

（f）热中子计数差在XY平面的分布

图 7.10　砂岩岩心热中子成像图，采用 8×8 阵列探测器（扫码见彩图）

对图 7.9 中的碳酸盐岩岩心，我们分别提取图 7.9(a)中的孔隙度和图 7.9(b)中的计数差，在两幅图中对应位置处的计数差和孔隙度可以构成一对数据，这样的数据共有 64 对。对这 64 个数据点做拟合，拟合结果如图 7.11 所示。该图中横坐标表示热中子计数差，纵坐标表示孔隙度，从图中我们可以看到热中子计数差与岩心孔隙度之间存在很好的线性相关性。对图 7.10 中的砂岩，分别提取图 7.10(a)中的孔隙度和图 7.10(b)中的计数差，采用同样的数据处理和拟合方法，结果如图 7.12 所示。图中的计数差与孔隙度同样显示了很好的线性相关性。

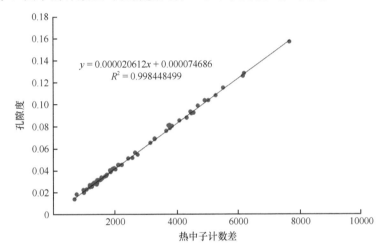

图 7.11 碳酸盐岩岩心热中子计数差与孔隙度交会图(采用 8×8 的阵列探测器)

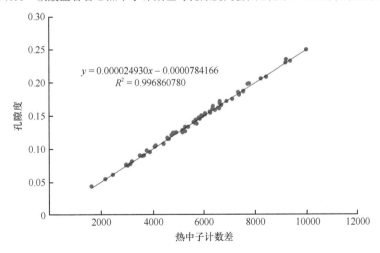

图 7.12 砂岩岩心热中子计数差与孔隙度交会图(采用 8×8 的阵列探测器)

综合分析图 7.9～图 7.12，可以发现对于碳酸盐岩和砂岩这两类岩心，虽然孔隙结构差别很大，物质成分也不同，但是采用上述热中子透射方法均可以获得好

的探测效果。这为采用此核探测方法分析岩心的非均质性、各向异性及物质成分
奠定了基础。

7.2　模型孔隙结构分析

7.2.1　岩心非均质性

本节先采用变异系数[18]定量分析图 7.8 中所探测岩心的非均质性。然后采用
图 7.7 中的高分辨率探测器对岩心进行透射成像，从而直观揭示岩心内部的孔隙
分布。其中变异系数的计算公式为

$$CV = SD \div MN \times 100\% \tag{7.6}$$

式中，CV 为变异系数(coefficient of variation)；SD 为标准偏差；MN 为数据的平
均值。

从式(7.14)可以看到，变异系数不仅反映了一组数据的离散程度，而且考虑
了这组数据平均值水平的影响。此外，在采用变异系数衡量两组数据的离散程度
时还可以消除量纲的影响。因此，变异系数非常适合用来定量分析岩心孔隙度以
及热中子计数差在某一截面上分布的离散程度。

1. 变异系数分析

图 7.13 是三维重建的 4 个碳酸盐岩数字岩心，骨架和孔隙中的物质成分分别
为 $CaCO_3$ 和 H_2O。图中 4 个碳酸盐岩岩心的孔隙分布都很不均匀，并且 4 个岩心
的孔隙分布差异很大。分别按照图 7.9 的方法对每个岩心进行热中子透射探测。
以图 7.9(a) 和(b)为例，具体分析流程如下：图 7.9(a) 对应着该岩心相应截面上
8×8 的 64 个小长条的孔隙度，这 64 个孔隙度作为一组数据可以计算其变异系数；
然后在图 7.9(b)中算出岩心相应截面上 64 个热中子计数差的变异系数，这样岩心
的每个透射截面就对应着一对变异系数(孔隙度与热中子计数差)，每个岩心有三
个透射截面，选取的 4 个岩心一共对应着 12 对变异系数；分别对这 12 个变异系
数点做拟合，图 7.14 显示了对变异系数点的拟合结果。

图 7.15 是三维重建的 4 个砂岩数字岩心，骨架和孔隙中的物质成分分别为
SiO_2 和 H_2O。图中 4 个砂岩岩心的孔隙分布都比较均匀，相互之间差别不大。采
用同样的热中子透射探测方法和数据处理、拟合方法，可以得到对砂岩岩心的变
异系数点的拟合结果，如图 7.16 所示。

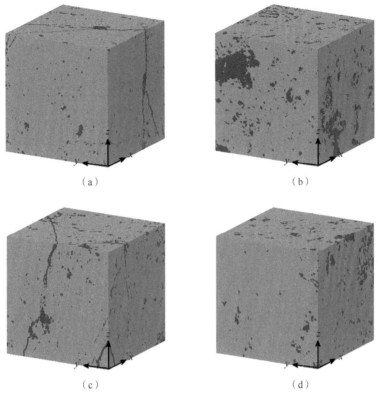

图 7.13　碳酸盐岩数字岩心（扫码见彩图）

岩心尺寸为 400×400×400，分辨率为 2.2046μm

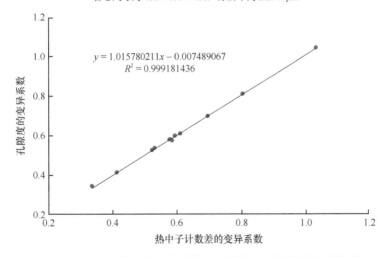

图 7.14　碳酸盐岩岩心的变异系数交会图(热中子计数差与孔隙度)

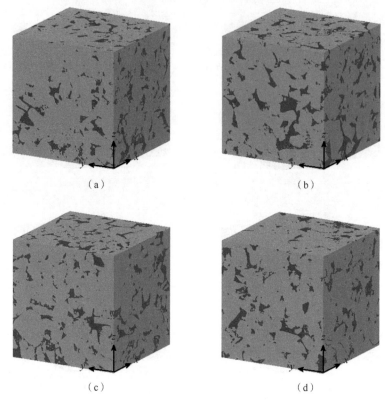

（a）　　　　　　　　　　　　　　　（b）

（c）　　　　　　　　　　　　　　　（d）

图 7.15　砂岩数字岩心（扫码见彩图）

岩心尺寸为 400×400×400，分辨率为 1.76μm

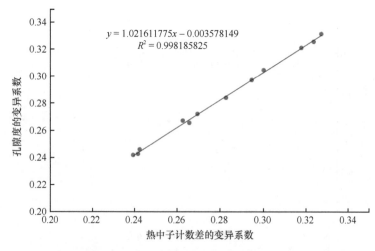

$$y = 1.021611775x - 0.003578149$$
$$R^2 = 0.998185825$$

图 7.16　砂岩岩心的变异系数交会图(热中子计数差与孔隙度)

对比图 7.14 和图 7.16 可以看到，不论是对碳酸盐岩岩心还是对砂岩岩心，都可以用热中子计数差的变异系数来近似当作岩心孔隙度分布的变异系数，从而分析岩心的非均质性。图 7.14 中碳酸盐岩的变异系数普遍要大于图 7.16 中砂岩的变异系数，这定量地说明碳酸盐岩的非均质性要比砂岩强很多，与图 7.13 中所显示的结果一致。

2. 岩心透射成像

变异系数分析中定量分析岩心非均质性时是采用图 7.8 中的探测模型，该探测模型中是粗糙地将岩心在相应截面上平均分成 8×8 的 64 个小长条，然后采用相应大小 8×8 的阵列探测器进行探测和定量分析。下面采用图 7.7 中的高分辨率（17.6368μm）探测模型对岩心进行透射成像，从而直观揭示岩心内部的孔隙分布。

图 7.17（a）所示为图 7.5 中碳酸盐岩岩心在 XY 平面上的孔隙度分布；图 7.17（b）为模拟沿着该岩心的 Z 轴方向照射岩心，并且采用第 7.1.2 节中的数据处理方法处理后的热中子计数差分布。图 7.18（a）所示为其中一个砂岩岩心在 XY 平面上的孔隙度分布；图 7.18（b）为模拟沿着该岩心的 Z 轴方向照射岩心，并且经过同样的数据处理后的热中子计数差分布。图 7.17（a）中显示有一条裂缝，这与图 7.5 三维岩心中观察到的裂缝相一致，也与图 7.9（e）中的孔隙度分布相一致。对比图 7.17（a）和（b）可以发现，（b）计数差的分布与（a）图相应岩心孔隙度的分布基本一致，尤其是岩心中的裂缝清晰可见。同样的热中子透射成像方法对砂岩也可以起到很好的效果（图 7.18）。对比图 7.17（b）和图 7.18（b）可以发现，砂岩具有较好的均质性，而碳酸盐岩存在裂缝等次生孔隙导致非均质性很强，沿着岩心不同方向的渗透率也大不相同。综上说明采用热中子对岩心透射成像的方法可以直观地揭示岩心内部的孔隙分布，从而帮助我们研究分析储层岩心的非均质性和各向异性。

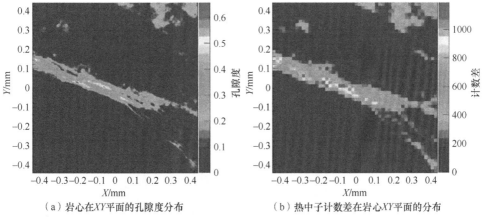

（a）岩心在 XY 平面的孔隙度分布　　　　（b）热中子计数差在岩心 XY 平面的分布

图 7.17　碳酸盐岩岩心的热中子成像图（扫码见彩图）

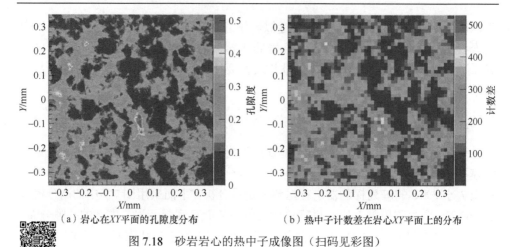

（a）岩心在 XY 平面的孔隙度分布　　　　　（b）热中子计数差在岩心 XY 平面上的分布

图 7.18　砂岩岩心的热中子成像图（扫码见彩图）

7.2.2　岩心各向异性

1. 变异系数统计分析

本书在"变异系数分析"章节通过数据分析发现，可以用热中子计数差的变异系数来近似当作岩心孔隙度分布的变异系数。将"变异系数分析"章节中 4 个碳酸盐岩岩心分别在 3 个截面上的热中子计数差的变异系数进行统计，结果如图 7.19 所示。对"变异系数分析"章节中的 4 个砂岩岩心的变异系数进行统计则可得到如图 7.20 所示的统计图。对比图 7.19 和图 7.20 可以看到，图 7.20 中的 4 个砂岩岩心，每个岩心在各自 3 个截面上的变异系数都相差不大。而图 7.19 中的 4 个碳酸盐岩岩心在各自 3 个截面上的变异系数变化较大，尤其是对于第 1 个碳酸盐岩岩心，在岩心 XY 截面上的变异系数要远大于岩心另外两个截面上的变异系

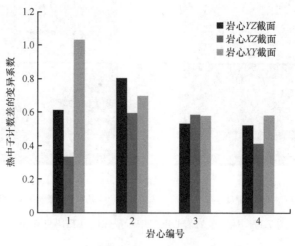

图 7.19　碳酸盐岩岩心的变异系数统计图

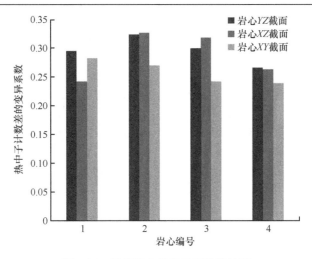

图 7.20　砂岩岩心的变异系数统计图

数。这说明碳酸盐岩的各向异性普遍比砂岩强很多。

2. 岩心透射成像对比

图 7.21(a)、(c) 和 (e) 分别显示了图 7.5 中的碳酸盐岩岩心在 YZ、XZ 和 XY 平面上的孔隙度分布图,图 7.21(b)、(d) 和 (f) 是采用图 7.7 中高分辨率阵列探测器探测到的热中子在该岩心 YZ、XZ 和 XY 平面上的透射成像图。可以看到热中子在该岩心 3 个截面上的透射成像效果也都较好,尤其图中的相似度更加定量地证明了本书探测方法的有效性。其中,图 7.21(a) 中部和右上部分的孔隙度明显大于两侧,这在图 7.21(b) 中有很好的体现。图 7.21(d) 中的热中子透射成像图则很好地反映了该岩心在 XZ 平面上孔隙空间分布的均匀性。而该岩心 XY 平面上的裂缝在图 7.21(f) 中体现得非常明显。这说明从不同的方向对该碳酸盐岩岩心进行透射成像时,该岩心很强的各向异性,导致成像的结果出现很大的差异。

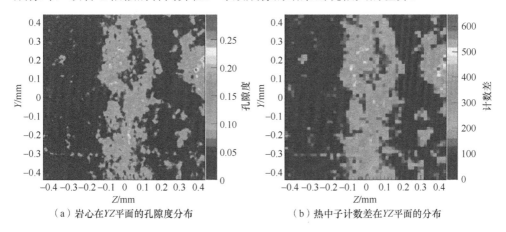

　　（a）岩心在YZ平面的孔隙度分布　　　　　　　　　（b）热中子计数差在YZ平面的分布

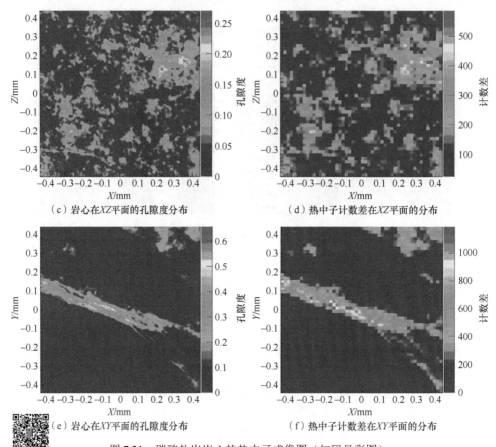

（c）岩心在XZ平面的孔隙度分布　　　　　　　（d）热中子计数差在XZ平面的分布

（e）岩心在XY平面的孔隙度分布　　　　　　　（f）热中子计数差在XY平面的分布

图 7.21　　碳酸盐岩岩心的热中子成像图（扫码见彩图）

图(a)和图(b)的相似度为 0.8385，图(c)和图(d)的相似度为 0.7322，图(e)和图(f)的相似度为 0.8063。

图(b)、(d)和(f)的图像分辨率为 17.6368μm

　　图 7.22（a）、（c）和（e）分别显示了其中一个砂岩岩心在 YZ、XZ 和 XY 平面的孔隙度分布图，图 7.22（b）、（d）和（f）分别显示了热中子在该岩心 YZ、XZ 和 XY 平面的透射成像图。可以看到热中子在该岩心 3 个截面上的透射成像效果都较好，并且岩心的孔隙在 3 个截面上都是大致均匀分布。这说明砂岩岩心具有较好的各向同性，与上述非均质碳酸盐岩岩心的透射成像形成鲜明的对比。

3. 各向异性影响

　　为研究碳酸盐岩很强的各向异性对中子孔隙度测井的影响，对于前面提到的预先准备好的 14 个碳酸盐岩岩心，先选取其中的 10 个岩心。针对这 10 个岩心做了与图 7.21 同样的核探测模拟和数据处理之后，更进一步地算出了每个岩心的总孔隙度和相应每个岩心分别在 YZ、XZ 和 XY 平面上的总计数差。式(7.15)～式(7.17)

分别是热中子在岩心 *YZ*、*XZ* 和 *XY* 平面上的总计数差与相应岩心的总孔隙度的拟合函数。

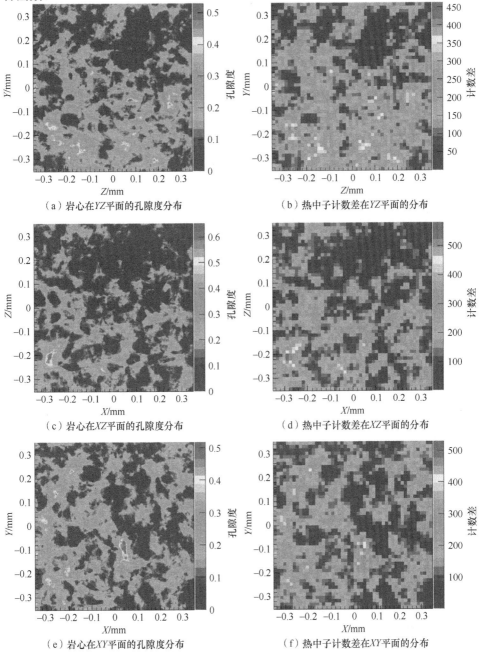

（a）岩心在 *YZ* 平面的孔隙度分布　　　　　　（b）热中子计数差在 *YZ* 平面的分布

（c）岩心在 *XZ* 平面的孔隙度分布　　　　　　（d）热中子计数差在 *XZ* 平面的分布

（e）岩心在 *XY* 平面的孔隙度分布　　　　　　（f）热中子计数差在 *XY* 平面的分布

图 7.22　砂岩岩心的热中子成像图（扫码见彩图）

沿 X 轴方向：

$$\phi_t = 0.000000162546589556\,x - 0.000502730504255319$$
$$R^2 = 0.99$$

$$(7.7)$$

沿 Y 轴方向：

$$\phi_t = 0.000000162519532496\,x - 0.000573821908133962$$
$$R^2 = 0.99$$

$$(7.8)$$

沿 Z 轴方向：

$$\phi_t = 0.000000162543339256\,x - 0.000424629774524067$$
$$R^2 = 0.99$$

$$(7.9)$$

式中，x 为相应截面上的热中子总计数差；ϕ_t 为岩心的总孔隙度；R^2 为相关系数的平方。从式(7.15)~式(7.17)可以看到沿着岩心 3 个方向所得到的热中子总计数差都与岩心的总孔隙度有很好的线性相关性，再次证明了图 7.7 中探测模型的正确性。为了验证这些公式的有效性以及研究岩心各向异性对中子孔隙度测井的影响，接下来使用上述拟合出的函数对剩下 4 个岩心的总孔隙度进行预测。分别把热中子沿 4 个岩心 X 轴方向的总计数差代入式(7.15)~式(7.17)中来预测各自岩心的总孔隙度，预测结果如表 7.3 所示。

表 7.3　对岩心总孔隙度的预测

计数差 x	真实孔隙度	相对误差 X	相对误差 Y	相对误差 Z
332780	0.053464516	0.23%	0.08%	0.38%
661348	0.108629469	−1.50%	−1.58%	−1.43%
309735	0.049879859	−0.07%	−0.23%	0.08%
426181	0.068628984	0.21%	0.09%	0.32%

表 7.3 中第一列数据分别表示热中子沿 4 个岩心 X 轴方向的总计数差，第二列表示相应岩心的总孔隙度，剩下三列分别表示采用式(7.15)~式(7.17)中的函数对岩心总孔隙度预测的相对误差。通过分析后三列数据可以发现，当把相同的热中子计数差数据分别代入上述三个不同的拟合函数中去预测岩心总孔隙度时，得到的预测相对误差只有较小的差别。考虑到热中子是随机发射的，因此基于上述结果可分析得出结论：热中子计数差与岩心总孔隙度之间的线性关系会受到岩心各向异性的影响，但是影响并不强烈。

通过统计岩心在不同截面上热中子计数差的变异系数得出结论：碳酸盐岩的各向异性远强于砂岩。与油气储层的实际情况相一致。

拟合出了上述热中子透射总计数差与实际岩心总孔隙度之间的线性关系式，并且通过对孔隙度的预测分析得出结论:在采用热中子探测岩心的性质时,热中子计数差与岩心总孔隙度之间的线性关系会受到岩心各向异性的影响,但是影响并不强烈。

7.3　物质成分与探测模型分析

7.3.1　物质成分分析

图 7.11 显示了碳酸盐岩岩心热中子计数差与孔隙度交会图(采用 8×8 的阵列探测器),并且探测岩心时岩心骨架和孔隙中充填的物质成分分别是 $CaCO_3$ 和 H_2O。对同一个数字岩心,骨架中的物质成分不变,将孔隙中的流体换成标准大气压下的 CH_4,采用同样的模拟方法和数据拟合方法,得到的拟合结果如图 7.23 所示。在图 7.23 中,热中子计数差与岩心孔隙度同样具有很好的线性相关性,再次证明了采用热中子对岩心进行透射探测的正确性。但是,这次的热中子计数差为负值,经过分析,主要原因是虽然气态 CH_4 中的氢元素对热中子的核反应截面要远大于岩心中的其他元素,但是气态 CH_4 的密度太小,导致岩心孔隙流体对热中子总的减速能力低于岩心骨架对热中子的减速能力,因此出现了类似于测井中挖掘效应[19-21]的结果。但是,这种现象并没有影响采用热中子对岩心孔隙度探测的准确性。相反,对比图 7.11 和图 7.23 可以发现,对于同一个岩心,骨架的物质成分不变,只改变孔隙流体的情况下,拟合出的热中子计数差和孔隙度都具有很好的线性相关性,但是拟合关系式发生了很大的变化。这说明在采用热中子对岩心孔隙进行探测时,根据拟合出的线性关系式的不同,我们可以判断岩心孔隙流体中的物质成分。具体的线性关系式与孔隙流体物质成分之间的关系,还有待进一步研究。

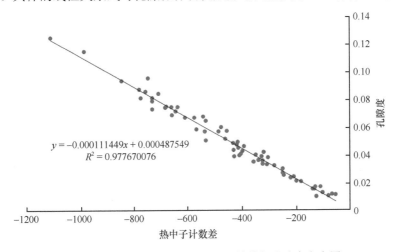

$$y = -0.000111449x + 0.000487549$$
$$R^2 = 0.977670076$$

图 7.23　碳酸盐岩岩心的热中子计数差与孔隙度交会图

孔隙流体为 CH_4(采用 8×8 的阵列探测器)

7.3.2　最佳分辨率

图 7.21 和图 7.22 表明,采用热中子透射成像的方法可以正确直观地揭示岩心内部孔隙、裂缝的分布,从而可以有效分析岩心的非均质性和各向异性。并且,两图中对岩心探测时所采用的阵列探测器的分辨率为 17.6368μm。为了使阵列探测器能够获得最好的探测效果,我们模拟并对比了阵列探测器在不同分辨率下对同一个岩心相同截面的透射成像效果图,阵列探测器分辨率的变化范围为 220.4600~2.2046μm。图 7.24 显示了在岩心 YZ 平面上不同分辨率下的模拟探测效果与岩心实际孔隙分布的对比。图 7.24(a) 显示的是图 7.5 中岩心在 YZ 平面上的孔隙分布情况,图 7.24(b)~(i) 显示的是其中一部分在不同分辨率下对该岩心沿 X 轴方向的热中子透射成像结果。对比图 7.24(a) 和图 7.24(b)~(i) 可以发现,当阵列探测器的分辨率在 220.4600~2.2046μm 范围内逐渐提升时,探测的效果并不是一直变好的,探测效果先是逐渐变好,在分辨率大约为 17μm 时获得最好的探测效果,之后探测质量很快变差。

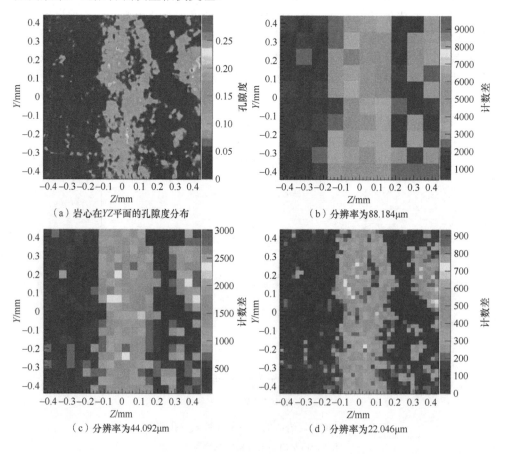

（a）岩心在 YZ 平面的孔隙度分布　　　　（b）分辨率为 88.184μm

（c）分辨率为 44.092μm　　　　（d）分辨率为 22.046μm

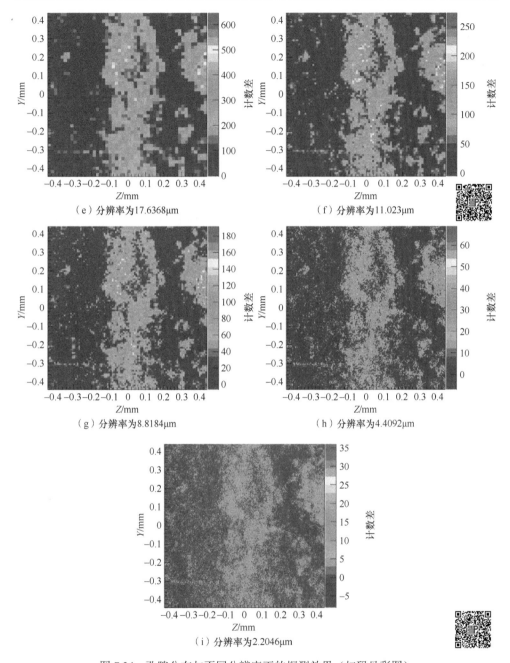

图 7.24　孔隙分布与不同分辨率下的探测效果（扫码见彩图）

为了确定探测器的最佳分辨率，本书对不同分辨率下探测器的探测效果做了定量分析。在图 7.24(b)～(i)中显示了其中一部分在不同分辨率下对该岩心沿 X 轴方向的热中子透射成像图，这样不同分辨率下的透射成像图共有 11 张。分别将

·186·　　　　　　　数字岩心计算岩石物理

这 11 张透射成像图与图 7.24(a)对比,计算出每张透射成像图与图 7.24(a)的相似度(相关系数)。其中,相似度的计算公式如下:

$$r = \frac{\sum_m \sum_n (A_{mn} - \overline{A})(B_{mn} - \overline{B})}{\sqrt{\left(\sum_m \sum_n (A_{mn} - \overline{A})^2\right)\left(\sum_m \sum_n (B_{mn} - \overline{B})^2\right)}} \qquad (7.10)$$

式中,r 为相似度;A_{mn} 为图片矩阵 A 中的某一个元素值;B_{mn} 为图片矩阵 B 中的某一个元素值;$\overline{A}$ 为图片矩阵 A 中所有元素的平均值;$\overline{B}$ 为图片矩阵 B 中所有元素的平均值。

　　每个探测器的分辨率都对应着一个相似度,共有 11 个分辨率与相似度的对应点,对这 11 个点做拟合,拟合结果如图 7.25 所示。从图 7.25 中可以发现,随着阵列探测器分辨率的提升,相似度(探测效果)先是逐渐增加,大约在分辨率为 17μm 时达到最大,之后相似度随着分辨率的提升而迅速下降,图中的函数对这种具体的变化关系有精确的刻画。

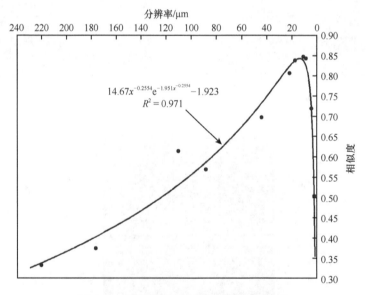

图 7.25　探测器不同分辨率下的探测效果

　　上述模拟和精确分析的结果表明,想要获得最好的探测效果,阵列探测器的分辨率并不是越高越好,只有当探测器的分辨率取一个适当的值时才可以获得最好的探测效果。本书对这种现象进行了深入的分析,在第 7.1.2 节曾讲到,探测岩心所用的热中子源是一个方形的面源,每次模拟时热中子都是随机均匀地发射。而岩心的透视效果图是经过上述两次对岩心透射的计数差所得,因此当探测器的分辨率过高时，在岩心孔隙分布较少的截面部位就可能会出现负值[图 7.23(i)]，严重影响了探测效果。而当探测器的分辨率过低时[图 7.23(b)]，无法精确地显示出岩心孔隙的分布。在当前，实验室中对热中子的阵列探测器的分辨率已经可以达到 15μm[22]，因此结合所构建模型的实际情况，阵列探测器的分辨率设定为17.6368μm。

7.3.3　最佳发射热中子数

　　7.3.2 节对探测器的分辨率做了详细的分析，而每次探测发射的热中子数对探测效果也有重大影响。为了研究此问题，将 7.3.2 节中的模拟和数据处理重复了 8次，但是每次模拟都相应改变了发射的热中子数。相应的相似度，阵列探测器的分辨率和发射热中子数的关系如图 7.26 所示。从图 7.26 中可以看到，相似度随着分辨率的变化趋势并未发生改变，一般当分辨率为 10～20μm 时会出现最大相似度。并且随着每次模拟发射热中子数的增加，最大相似度有了一定程度的增加。但是当每次模拟发射的热中子数大于 4000 万时，最大相似度也几乎不再增加，因此前面模型中每次模拟发射的最佳热中子数为 4000 万。

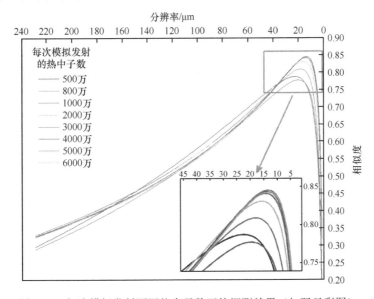

图 7.26　每次模拟发射不同热中子数下的探测效果（扫码见彩图）

参 考 文 献

[1] 叶春堂, 刘蕴韬. 中子散射技术及其应用. 物理, 2006, 35(11): 961-968

[2] 斯伦贝谢. 高分辨率能谱测井——识别复杂矿物. 油田新技术, 2014, (6): 67-73

[3] 郭广平, 陈启芳, 邬冠华.中子照相技术及其在无损检测中的应用研究.失效分析与预防, 2014, 9(6): 388-393

[4] 曾铁. 中子的若干知识. 物理教师, 2008, 29(12): 37-39

[5] 黄隆基. 核测井原理. 青岛: 中国石油大学出版社, 2000

[6] 赵国瑞, 张国杰, 赵宇芳, 等. 注硼中子寿命测井的岩石物理实验研究. 测井技术, 2007, 31(6): 503-510

[7] 彭琥. 2000~2008年放射性测井技术进展述评. 测井技术, 2009, 33(1): 1-8

[8] 王晓冬. 14MeV快中子成像的Geant4模拟以及3D图像重建方法研究. 兰州: 兰州大学, 2011

[9] Herman M. Evaluated Nuclear Data File (ENDF) Retrieval & Plotting. (2011-12)[2015-08-15]. http://www.nndc.
bnl.gov/sigma/

[10] Nuclear Wallet Cards. National Nuclear Data Center. (6-1-2012)[2015-08-15]. http://www.nndc.bnl.gov/nudat2/
indx_sigma.jsp

[11] 蔡翔舟, 沈文庆. 核反应总截面和奇异结构研究. 物理学进展, 2001, 21(3): 278-302

[12] 刘宗良, 李强, 赵平华, 等. 蒙特卡罗方法及其在辐射剂量计算中的应用. 湖南人文科技学院学报, 2006, (6):
19-22

[13] 许淑艳. 蒙特卡罗方法与应用简介. 珠海: 第七届全国核化学与放射化学学术讨论会, 2005

[14] 刘华军. 浅析大数定律的成立条件. 百色学院学报, 2008, 21(6): 58-60

[15] 杨佳元. 中心极限定理及其在统计学分析中的应用. 统计与信息论坛, 2000, 15(3): 10-15

[16] Carter L L, Cashwell E D. Particle Transport Simulation with the Monte Carlo Method. Los Alamos: Los Alamos
National Laboratory, 1975

[17] Lux I, Kobilinger L. Monte Carlo Particle Transport Methods: Neutron and Photon Calculations (6th edn.). Boca
Raton: CRC Press, 1991

[18] 变吴娟, 顾赛赛. 变异系数的统计推断及其应用. 铜仁学院学报, 2010, 12(1): 139-141

[19] 查传钰. 对《关于"挖掘效应"问题的讨论》的意见. 测井技术, 1987, (6): 73-75

[20] 李贵杰, 张建民, 岳爱忠, 等. 砂泥岩地层中气体对补偿中子测井的影响. 测井技术, 2005, 29(6): 515-516

[21] 谭廷栋. 中子和密度测井找气方法的更新. 物探与化探, 1992, 16(1): 22-30

[22] Tremsin A S, Vallerga J V, Mcphate J B, et al. On the possibility to image thermal and cold neutron with sub-15μm
spatial resolution. Nuclear Instruments and Methods in Physics Research Section A: Accelerators, Spectrometers,
Detectors and Associated Equipment, 2008, 592(3): 374-384